■ 日本農業の動き ■　No.189

農政運動と政治

農政ジャーナリストの会

目次

農業気象台 …… 4

〈特集〉農政運動と政治

農政運動の客体はどのように変化してきたのか …… 会員 石井 勇人 …… 6

農協の農政運動とは何か …… 会員 須田 勇治 …… 14

質疑 …… 39

自民党農政の変遷について …… 自由民主党本部事務局 吉田 修 …… 44

質疑 …… 72

農政運動と日本共産党の農業政策 …… 日本共産党参議院議員 紙 智子 …… 78

質疑 …… 97

農政運動と民主党の農業政策……元農林水産大臣　鹿野　道彦…106
質疑……119

〈農政の焦点〉

ＪＡ　奥野新体制の課題……会員　合瀬　宏毅…130

〈記念講演〉

「ＴＰＰハワイ交渉」と、その後の行方……自由民主党農林水産戦略調査会長　西川　公也…134
質疑……143
編集後記……147

農業気象台

○…社会人になって初めてデモに行った。九月一九日未明に成立した安全保障関連法案に対する国会周辺での抗議行動である。主催者側発表で一二万人が集まった八月三〇日と審議が大詰めを迎えた一八日夜。組織に動員されたわけではない。半ば野次馬気分で加わった。

○…昔に比べれば穏やかな雰囲気で、参加者は若者から高齢者、子供連れの主婦までと幅広い。特定の政党や団体が主導している様子もないのに、不思議に秩序が保たれている。シュプレヒコールは紋切り型の左翼用語ではなく日常の言葉だ。安倍首相への個人攻撃めいた発声にだけは違和感を覚えたが、全体としては好感と共感を抱いた。

○…識者の中には「デモは無意味だ。政治に不満があれば選挙へ行け」という人もいる。だが、本当にそうだろうか。デモは民衆の意思を表現する最大の手段だ。政治に無関心な人も、デモを見て興味を持つかも知れない。「あんなに大勢が反対する法案とはどんなものか」と考えた人もいたはずだ。その結果が法案賛成でもいい。一人でも「考える主権者」が増えれば意味がある。

○…民主主義は単なる制度ではない。市民が主体的に考え、参加するプロセスだ。フランスの啓蒙思想家ルソーは代議制民主主義下にある英国民を「彼らが自由なのは選挙の間だけで、それが終われば奴隷になる」と評した。ルソーが理想とした直接民主主義が現実には難しいとすれば、主権者が奴隷状態を脱する有力な手段がデモだろう。

○…安倍政権は「選挙の時だけの主権者」がお好みらしい。世論調査の結果を見る限り、安保法制に賛成する人は完全な少数派だし、沖縄の在日米軍普天間基地の辺野古移設も地元の支持はほとんど得られていない。こうした「個別の民意」を意に介さないのは選挙に勝てば、あらゆることについて白紙委任を得られたと思っているからだろう。

○…ナチスは世界で最も民主的と言われたワイマール憲法には手を付けぬまま、巧妙に独裁政権を樹立した。議会が政府に立法権を移譲する「全権委任法」がその仕上げとなった。麻生副首相はナチスの手口に「学んだらどうか」と言ったが、集団的自衛権の行使で政府に大きな裁量権を与えた

農業気象台

安保法制を見ると、結果的には麻生氏の助言通りになったという気もしてくる。
○…安倍首相が独裁者だと言うつもりはない。心配なのは立法府を担う政党の無力化だ。与党内にもハト派やリベラル派と目される議員が大勢いたはずだが、安保法制に正面から異を唱えた人はほとんどいない。自民党総裁選で対立候補すら立つことができない状況も異様だ。郵政民営化を巡って大量の離党者や処分者が出た小泉政権時代の方がずっと健全だった。
○…独裁は一人のカリスマや、その熱狂的支持者だけでは成り立たない。自己保身の心理から主体的思考を停止する人々が多数を占めた時、民主主義は自壊する。ナチスの迫害を逃れて米国に亡命したドイツの社会心理学者エーリッヒ・フロムが「自由からの逃走」で描いたように、ファシズムは人々が自らを奴隷化することで生まれる。
○…農業政策も同じことが言えないか。安保法制が憲法九条という岩盤に大穴を開けたとすれば、農政の世界でも農地、農協、米という戦後農政の基盤が崩された。閉塞状況において、人は不連続的な「改革」に魅了されやすい。確かに戦後七〇年の変化に制度や組織の間尺が合わなくなった部分はある。だが、政策には連続性も必要だ。いたずらに破壊力を誇るような改革は危うい。
○…言論界を二分した安保法制と違い、農業の岩盤破壊には大手マスコミもそろって喝采を送った。四面楚歌の中、農業団体は懸命に抵抗を試みたが、族議員も郵政民営化の時のように身を挺して守ってはくれなかった。白旗を掲げた団体から聞こえてくるのは「我々はポツダム宣言を受諾した立場。今は耐えるしかない」という言葉だ。
○…ポツダム宣言を受け入れた後の日本は態度を一八〇度翻し、米国の従属国家として生きる道を選んだ。それは現在も続いている。政治学者の白井聡氏が言う「永続敗戦」状態である。安保だけでなくTPP（環太平洋連携協定）や農政改革もその延長線上にあるのだろう。農業関係者は自らを奴隷化する道に陥らないよう、自立した思考と行動を取り戻さなければならない。

（弥）

特集：農政運動と政治

農政運動の客体はどのように変化してきたのか

会員　石　井　勇　人

この一〇年間、農業政策は振り子のように右から左へ、そして左から右へ、大きく揺れた。二〇〇三年秋に小泉純一郎首相が「農業鎖国はもう続けられない。農業構造改革は待ったなしだ」と改革路線を鮮明にした。しかし痛みを伴う「改革」は強い反発を招き、〇七年七月の参議院議員選挙で自民党は歴史的惨敗。与野党が逆転し、農政改革は頓挫する。さらに〇九年八月の総選挙で民主党が大勝、鳩山由紀夫政権が発足して自民党農政の否定が始まる。一二年末の総選挙で自民・公明両党が政権を奪還すると、安倍晋三政権は元の改革路線に回帰した。

極めて単純化すれば、ほぼ三年間隔の「行って来い」の一〇年間であり、政策自体は「元に戻った」ように見える。ただ、この間に農業団体と政治との関わり方は一貫して変化し、元には戻らないように感じる。それを端的に象徴するのが、「もう農政運動はやめたほうがいい。国民の目にどう映っているか。まずいと思う」という、森山裕自民党農業協同組合プロジェクトチーム（PT）座長（第三次安倍改造内閣で農相に就任）の発言だ。この発言は、二〇一四年六月一二日の「農政ジャーナリストの会」の研究会で飛び出した。詳しくは「日本農業の動き一八八号」に掲載された講演録を参照してほしいが、恐らくJA全中（全国農業協同組合中央会）が最も信頼を置く国会議員である森山氏の突き放したような発言は、JA関係者にとっては衝撃だったに違いない。

「農政運動」とは、農業団体が政策課題の実現を図るための活動だ。農業団体を主体にした表現であり、それを実質的に担ってきた農業協同組合の活動について、ジャーナリストの須田勇治氏に概説をお願いした。その上で、自民党農政を見守ってきた吉田修自民党本部事務局参与、民主党農政を展開した鹿野道彦元農相、野党の立場から一貫して農政を批判してきた日本共産党の紙智子参議院議員の三氏に講演していただいた。「農政運動」については、これら四氏の講演で尽くされており、本稿では農政運動の客体（受け手）がどのように変化してきたのかを概観するため、いわゆる「農林族」の変遷について補足したい。

「族議員」は、中央省庁の政策決定と関連業界の利害調整に強い影響力をもつ国会議員のことだ。当事者たちは「族」と呼ばれることをあまり快く感じていないようだ。特殊な種族のような印象を与えるからだろう。ここでは、農政運動の客体となる国会議員のことを、いわゆる「農林族」と定義し、原則として「農林議員」と表記する。

総合農政派の誕生

一九五五年の保守合同で成立した自民党は、農村部に盤石の支持層を築いてきた。農業基本法の制定（一九六一年）以降、農業部門と他産業部門との所得格差を是正することが農業政策の課題であり、自民党農林議員と農協は二人三脚で米価を引き上げ続けた。増産意欲は刺激され、コメ余りと食糧管理特別会計の巨額な赤字を招いた。一方、高度経済成長期に大量の労働力が農村部から都市部に流入した。

この農村と都市の「構造改革」は、政治に対応を迫った。六七年の東京都知事選挙でマルクス経済学者の美濃部亮吉氏が当選し、革新自治体はまたたく間に全国に広がる。六八年に入ると、東大紛争、パリのゼネラルストライキ（五月革命）が始まった。

自民党はこのような内外の情勢変化に対して、強い危機感を持つ。国民政党として安定政権を維持するためには、大都市の有権者を取り込むことが必要だと痛感したのだ。具体的には急激な物価上昇、過密化・住宅不足という都市住民の不満に対処する必要があり、それは米価と農地に直結していた。

六八年、自民党に「総合農政調査会」が設置され、初代会長には大平正芳政調会長（当時）が就任した。米価の凍結や引き下げを容認する一方、生産調整、転作奨励、農地転用、農業土木事業を含む、米価引き上げ以外の様々な政策手段を組み合わせて、農村の支持基盤を維持・強化するのが狙いだ。この路線を推進する農林議員は「総合農政派」と呼ばれた。

一方、従来の米価引き上げ路線を踏襲し、与党・自民党に属しながら政府の方針に公然と立ち向かう農林議員は、ベトナム戦争の武装ゲリラになぞらえて「ベトコン」、「アパッチ」などと呼ばれた。米価の下落を容認する政策が定着するのに伴い、「ベトコン」は徐々に少数派になり総合農政派は全盛期を迎える。「農林八人衆」（丹羽兵助、江藤隆美、佐藤隆、羽田孜、加藤紘一、大河原太一郎、檜垣徳太郎、中尾栄一各氏）ら農林議員の人物像は、吉田修氏がまとめた大著『自民党農政史』に詳しい。

一方、稀代のプラグマチストだった田中角栄元首相は、減反するくらいならその農地を不足している宅地や工業用地に変えれば、一石二鳥、三鳥になると考え、農地転用と地方への工場再配置を推進する。この「列島改造」は、七九年の石油ショックで挫折した。

政官業トライアングル

自民党の一党独裁が長くなると、政務調査会には様々なルールが導入され、システム化された。

自民党の国会議員は党政調の各部会（通常二つか三つ）に所属し、政務次官、政調部会長、国会の常任・特別委員長、閣僚など経験を積み上げて、人脈を広げ政策を学ぶ。その過程で、議員は省庁と業界の利害調整力を強め、政界、官界、業界の「トライアングル（三角形）」が出来上がる。

国防、文教、郵政、外交、社労などほぼ省庁に対応する形で「族」は存在したが、農林は、建設、運輸と並ぶ「族の御三家」と呼ばれた。それだけ国会議員に人気のある部会だったということだ。

政調には部会とは別に、横串組織としてテーマごとの「調査会」が設けられ、農政については前述の「総合農政調査会」が実質的な最高政策決定機関となり、歴代会長には農相を経験した「農林議員のドン」が就任した。ウルグアイラウンド（新多角的貿易交渉）以降、農産物貿易の自由化が焦点になると、「農林水産物貿易調査会」も重要性を増した。

政官業のトライアングルは既得権益の温床となり、この利権は世代を超えて引き継がれ「二世議員」が幅を利かすようになる。こうした制度疲労を背景に、一九九三年八月に八党・会派による細川護熙政権が発足して政権交代が実現した。細川政権は短命に終わるが、衆議院選挙で小選挙区比例代表並立制を導入した。

これにより、特に地域の利害を直接代弁してきた「農林議員」と「郵政議員」の発言力は大きく低下した。以前の中選挙区制では、複数の自民党候補が支援組織の票を薄く広く集めることで棲み分けることが出来た。しかし小選挙区制では、郵便局や農協に頼るだけでは当選できない。

この流れにとどめを刺したのは、小泉純一郎政権による二〇〇五年八月の「郵政解散」だ。「郵政民営化」が唯一・最大の争点になったため、郵政議員の崩壊の印象だけが強いが、この選挙で落選した国会議員の中には農林議員の幹部も多数含まれていた。保利耕輔、森山裕、今村雅弘各氏のように落選は免れたが、「刺客候補」を送られ「造反議員」として離党を迫られた農林議員も多い。

急進的な改革路線に対して反発が強まり、〇七年夏の参議院議員選挙が近づくと、自民党は危機感を強めて改革路線を放棄する。小泉政権下で「造反組」とされた、上記の保利、森山、今村各氏らは第一次安倍晋三政権で復党が認められた。農政は、実質的な米価維持策など先祖返りのような政策に転じたが、その効果もなく、参院選で自民党は大敗した。

選挙後、松岡利勝、赤城徳彦、遠藤武彦、太田誠一農相が相次いで不祥事を起こして農政は混迷を極める。石破茂農相が「タブーなく減反を見直す」と発言するや、農林議員が猛反発し、「正直者対策」と称する減反強化策を導入して直ちに潰しにかかる有様だった。

農林議員の弱体化

二〇〇九年に政権交代を実現した鳩山由紀夫政権は当初、ＪＡ全中会長との面談を拒否するなどＪＡグループとの対決姿勢を鮮明にした。農業土木予算を大幅削減して農業者戸別所得補償モデル事業の原資とするなど、自民党時代の政官業トライアングルは崩壊した。ただし、赤松広隆農相は、民主党の公約を「現実的でない」などと公然と批判した井手道雄事務次官を留任させ、ＪＡグループとも「和解」していく。看板政策の「戸別所得補償」は、コメの減反強化につながる側面を強めるなど変質し、民主党の「農政改革」は理念とのずれが目立つようになる。

なお、鳩山政権は民主党、国民新党、社会民主党による連立政権であり、社民党は「食料主権」（自国民のための食料生産を最優先する権利）の確立を公約に掲げた。同様の公約を掲げた主要政党は社民党のほかは共産党だけだ。共産党は、環太平洋連携協定（TPP）に反対の主張を続けるなど、一貫して農業団体に最も近い立場を示しているのに、農業団体との結び付きが弱いのは、皮肉なことだと言わざるを得ない。

二〇一二年末に政権を奪還した安倍晋三政権は、官邸主導を強力に進め、自民党政調自体が弱体化している。かつては総合農政調査会を筆頭に、林政調査会、水産総合調査会、農林水産物貿易調査会、都市と農山漁村の共生・対流を進める調査会の五つも「会長」ポストがあり、それぞれ閣僚級のベテラン議員が就任して政策に睨みを効かせていた。ところが野党時代の党勢の縮小に伴い、調査会は「総合農政・貿易調査会」と「食料産業調査会」に統合された。政権奪取後も、農林議員の影響力は限定的だ。伝統ある「総合農政調査会」はほぼ半世紀を経て姿を消し、「農林水産戦略調査会」に再編された。

小選挙区制の導入により、政官業の結び付きは決定的に弱まった。「JAの声は政治的に大きいが、選挙での集票能力は低下していて以前ほどの影響力はない」（農水省官僚から転じた民主党のある国会議員）という見方が台頭している。

例えば、ＪＡグループは、かつては農水官僚ＯＢを「オール農協」の代表として参議院（比例）に送り込んでいたが、〇四年の参議院選挙で日出英輔・元農産園芸局長が落選した。〇七年の参議院議員選挙で、ＪＡグループは山田俊男ＪＡ全中専務を組織内候補として擁立した。約四五万票を獲得したが、再選を果たした一三年の参院選では約三五万票に減らしている。

一方で「ＪＡ組織は当選させる力は無いが、候補者を落選させる力はある。演説会の会場設営からポスター貼りまで、票もありがたいが、手足になってくれるのはもっとありがたい。宗教団体と同じだ」（自民党農林議員）という思惑も根強い。まとまった農村票がある限り、農林議員は存在するだろう。

ただ長い目で見ると、小選挙区制の導入に加えて、農業部門自体の縮小、さらに度重なるスキャンダルなどが原因で有力な農林議員は確実に減少している。今後、支持基盤を再編した「ネオ農林議員」のような新しいグループが登場するだろうか。ベトコン議員が総合農政派に脱皮して影響力を温存・拡大したような変化は、未だ観察できない。

（いしい　はやと・共同通信編集委員兼解説委員）

農協の農政運動とは何か

会員　須　田　勇　治

私は農協関係の取材が長く、半世紀近く携わってきました。所属していた日本農業新聞は、ＪＡグループの一員ですので、そういう意味では、農協サイドに偏った話になるかも知れませんが、予めご了承ください。

まず、農協による農政活動の法律的な裏付け、背景について申し上げます。

農協法上での農協による農政活動の位置づけを確認すると、中央会の事業は農協法の七三条の二二項にあります。それは、組合の組織、事業および経営の指導、組合の監査、組合に関する教育および情報の提供、組合の連絡および組合に関する紛争の調停、組合に関する調査および研究、そのほか中央会の目的を達成するために必要な事業をあげています。

そして、同上二二項の二で、「中央会は、組合に関する事項について、行政庁に建議することができる」とされています。この「行政庁に建議することができる」というのが、農協法上での農協による農政活動の位置付けです。この建議については農業委員会でも同様に、こうした規定が設けられています。

今、農協の農政活動は全中と切り離して別の組織で行うのかどうか、ということが注目されています。今日（編集部注・二〇一四年七月二五日）の全中会長の記者会見では、検討はするけれども、どうなるか分らないという雰囲気でした。恐らく、結論が出るまでは組織内部での議論がかなりあると思います。中央会が農政活動で果たしてきた長い歴史がありますし、中央と地方での受け止め方の違い、また、別組織の体制の問題があります。

農協はどういう経緯で農政活動を行うようになったかということを、改めて戦前の経過を踏まえて、説明します。

古い話で恐縮ですが、戦前には農会という組織がありました。一八九九年に農会法という法律が出来、農政を浸透させるため、全市町村に組織され、自作と小作を含め全農家が加盟していました。全戸加入と言うのは現在の農協と似ていますが、農協のように経済事業をするものではなく、営農指導と農政活動の二本柱でした。関税問題、米価問題などに関して、農村・農民の利益を代表する団体として農政運動を展開しました。ただ、この組織は当時の地主層が指導者になっていたために、小作争議などには直接関与することはありませんでした。従って、行政の下請け的な役割を果たしてきたことになります。

また、農村に、もう一つの組織として産業組合があります。これは、現在の農協の前身で、一九〇〇年に産業組合法が設立されました。農会と同じような時期に出来た組織です。産業組合は指導機関として今の全中にあたる大日本産業組合中央会を一九〇五年に設立、一九〇九年の法律改正で産業組合中央会に名称を変え、全国的な普及を目指しました。しかし、大正時代は、農会が圧倒的な力を持ち、産業組合の設立はそう進みませんでした。

一九三〇年に昭和恐慌が起ります。疲弊した農漁村を救うため、政府は農村漁村経済更正運動を展開。これを受け、産業組合中央会は拡充五か年計画を一九三二年から実施しました。この計画が、その後の産業組合の拡大に結びつきました。この計画は、産業組合未設置農村の解消、全戸加入の促進、信用・販売・購買・加工の四種兼営などの取り組みでした。政府のバックアップもあって、五年間で完了し、その結果、強大な経済組織としての産業組合が出来上がったのです。完了したのが一九三七年で、第二次大戦の直前でした。

産業組合が急激に拡大したため、当時農村を活動基盤にしていた商人たちは大きな被害を受けました。そのため、激しい反産業組合運動（反産運動）が起きました。この反産運動への対抗の中心になって運動を展開したのが、当時産業組合中央会の会頭をしていた千石興太郎です。こうした反産運動は、農村地域の組織が統合されるまで続きました。今でも、農協指導者たちから農協への批判、攻撃に対して、「かつての反産運動に対抗したような運動を展開しょう」という言葉がよく聞かれます。戦時下の一九四三年に農業団体法が成立して、それまでの農会や産業組合などの組織が統合され、農業会となりました。

戦後、一九四七年に農業会が解散して農協が誕生します。看板を代えただけじゃないかという批判もあったようですが、全国各地で新しい農協の誕生に期待が持たれ、色々な運動が展開されました。今の全中の前身である全国指導農業協同組合連合会（全指連）が翌年設立されました。この全指連が、それまで農会で行っていた農政活動を引き継ぎました。全指連は、生産指導、組織指導、そして農政活動を統一した組織として設立されたものです。生産指導事業は、戦前は農会が行っていたが、その一部は戦後に誕生した農業改良普及制度が担うことになり、一部が農協の営農指導に分かれました。この農業団体再編成にあたって、農業委員会の問題とともに、たいへん議論になった点です。

発足直後の農協は経営問題に直面します。たくさんの農協が誕生したが、多くの農協が負債を抱えて、経営が行き詰まり、再建整備に追われました。農協は、経済団体なので、営農事業や農政活動は切り離すべきだという、「純化論」は、当時の農協問題の大きなテーマの一つでもありました。

全国農協中央会の誕生と背景と三つの目的

全指連は、一九五四年に全国農協中央会になりました。多くの農協の経営状態が悪くなったことから、全中の目的は、組合の健全な発展を図ることでした。中央会は一般の農協、連合会とは異なり、法律上「公共的色彩の強い非営利法人」と位置付けられ、強い権限が与えられました。中央会の行う事業は会員だけではなく、非会員を含めた広く組合全体に対して行うもので、総合農協だけではなく専門農協なども中央会が指導することになったのです。

中央会の持つ機能は、大きく分けて三つあります。一つは、教育、情報、連絡調整、調査研究、二つ目に、組織、事業、経営の指導や監査、そして三つ目は、行政庁への建議に象徴される会員の利益代表機関です。特に、三番目の利益代表が、農政活動にあたります。

中央会は本来であれば行政が行わなければならないことを担わされてきました。従って、半官半民的な性格を最初から持ち、行政の別働隊でもありました。北出俊昭さん（注・明治大学元教授）は、自著の中で「中央会は組合員の総合指導機関であり、農民の利益代表機関としての側面と同時に、公共的な立場から国の農業政策推進機関としての側面の二つを併せ持つ組織として出発した」「中央会は矛盾する二つの側面があり、その矛盾の統一体が中央会」と分析しています。そうした二つの矛盾した性格を持つが、農民の持つ自主性や自発性を全面に出して、国の農業政策を改革する働きかけをするべきだと主張しています。また、大田原高昭さん（注・北海道大学名誉教授）は、こういった「二重性格こそが、農協活動の枠組みを制約するばかりでなく、農協自体を体制内圧力団体にとどめてきた」とし、農協運動というものはあくまでも体制内の運動に過ぎないと言っています。

さらに藤谷築次さん（注・京都大学名誉教授）は、「農協は、協同経済組織であると同時に、行政補助機関であり、圧力団体でもある、複合的性格を持っている」と指摘しています。このように、色々の見方があります。

農村現場で取材していると、中央会の農政活動に期待する声は大変強いものがあります。二〇一〇年、全中の総合審議会で、中央会改革の方向を検討しましたが、その答申を見ても、農政活動は単協だけでは出来ない活動なので、中央会の中核的機能として引き続き発揮するように求めています。具体的には、「代表機能、調整機能は、政治活動や対外広報、事業間調整といったＪＡグループ全体の方針を決める機能で、高水準ＪＡでもまかなえない」としています。このように、行政の下請け的な役割と、その一方では農民の要求を代弁する役割という二つの役割を農協は持っています。

しかし、農水省が二〇一四年六月に出した、農林水産業・地域の活力創造プランの中で行政における農協の位置付けが示されています。そこには、「単位農協は、農業者の団体の一つとして、他の農業者やその団体等と同等に扱う」とイコールフィッティングを強調しています。それから、「単位農協を安易に行政のツールとして使わないことを徹底する」と反省もしています。さんざん、農協を利用してきて、今さら…と、農協界では白々しく受け止めています。

農協の本来のあり方からすれば、自主・自立組織ですし、行政の下請け機関であってはいけません。そうした方向は健全なものであることは分ります。しかし、これまで長い間、農林行政は手足のように、権限を振りかざして農協を使ってきた訳ですから、そう簡単に切り離せるのか、という疑問を持たざるを得ません。これまでの生産調整への取り組みがそうでしたし、今、農水省で進めている「人・農地プラン」でも同様です。関係組織の連携を効率的・効果的に行うための拠点を整備するワンフロアー化にしても、市町村・農協・農業委員会の担当者が一緒になることを推奨して進めています。そうした今後の動きを考えた場合、農協を単に団体の一つに過ぎないと決めつけることが出来るのか、疑問に思っています。

もう一つ、今回の農協改革の議論の中で、全中の廃止の理由として、これまで全中の農協への指導が強過ぎて、単協が自主性を失っていると指摘している点です。しかし、私がこれまで色々な農協で取材をしてきた経験からすると、農協が全中の指導によって経営が歪められたとか、自分たちが実施しようとしたことが阻止されて出来なかったとかいう話は聞いたことがありません。逆に、全中が決定して、指導しようとしたことがなかなか浸透しない、というのが実態ではないでしょうか。「決議すれども実行せず」と農協は揶揄されてきました。三年に一回の全国農協大会で決議され、それを単協で実施しようとは言っても、なかなかその通りにはなっていません。単協の組合長はその組織の責任者で、一国一城の主です。他が助けてくれる訳ではありませんから、その対応は慎重です。全中の言うことは参考にしても、必ずしも、その通り全部実施する訳ではありません。中央会の廃止の理由として、農水省は単協の経営を歪めると言いますが、現実は、全中に、そんな力はないのではないでしょうか。

逆に、農水省は全中に力を与えるために、これまで色々なことを行ってきました。例えば二〇〇四年の農協法改正時は、これまで農水省が作成した模範定款を、全中が作成することにしました。さらに、農林中金とともに全中に強大な力を与えました。例えば、各単協の経営状況についての資料を開示請求した場合、それに従わなければならないという、たいへん厳しいものです。これは、決して農協側が要求したものではありません。農水省の意向によって、農協法の改正に盛り込まれたものです。しかし、その権限が各単協の意向を無視する形で行使されているということは聞いたことがありません。権限を与えておいて、今度はそれが阻害要因になっているというのであれば、二階に上げてハシゴを外すようなもので、矛盾して納得できるものではありません。むしろ、全中を潰すための口実に利用しているに過ぎません。

次に農協の政治的中立について説明します。政治的な中立は、皆さんご存知のように、協同組合原則に宗教的な中立とともに、一九三七年の国際協同組合同盟（ＩＣＡ）大会で決定しました。これは、政治によって協同組合の経営が影響されたり、宗教によって支配されることを避けるために、謳ったものです。しかし一九六六年のＩＣＡウイーン大会で、この中立原則が削除されました。その理由は、二つの説があります。一つは、一党独裁による国家がＩＣＡに加盟したことへ配慮したということ、もう一つは、中立と言ってしまうと政治的に積極的な活動はしないように受け取られかねないということです。ところが、やはり全く制約を設けないのは良くないということから、一九九五年のICAマンチェスター大会で、中立という言葉ではないが、「自主・自立」という表現で復活しました。この「自主・自立」という言葉によって、政党や宗教によっては左右されないということを協同組合原則の中で謳い、それが今日まで引き継がれています。

農民の課題によって農協農政運動の変質

農協の農政活動とは、組合員の要求を政策に反映させるため、JAグループが組合員とともに政府・政党に対して働きかけることです。こうした農政活動が活発になったのは、一九五〇年代の後半から六〇年代からです。当時、農政運動は四場所制だと言われました。春は乳価など畜産関係の運動、夏は米価運動、秋は畑作物価格の運動、冬は予算・税制運動でした。ところがご存知のように農産物の自由化問題、米の生産調整など多くのテーマに取り組み、農政運動の範囲が広くなり、通年運動になっています。

現在はすでに消滅してしまいましたが、農協の農政運動と言うと、どうしても米価運動を抜きにしては語れません。むしろ米価運動が、今の農協の農政運動のあり方や農政運動の組織・体制を形作ってきました。かつて米は、食管制度の下で、政府が全量買い上げていたため、価格の決定権は政府が持っていました。農家からすれば、政府に要請して米価を上げさせる、ということが運動の中心でした。一九四七年頃から米価運動が見られますが、当時は、農協は発足したばかりだったので、米価運動の中心は日本農民組合連合会（日農）などの農民団体でした。日農は、当時二〇〇万の組合員を抱えていたと言われます。主に、戦前の小作争議を闘ってきた人たちが日農の幹部になって、農村の民主化に取り組み、米価運動に集中するようになりました。

米価審議会は一九四九年に設置され、その時の審議会委員は各団体からも出ていましたが、審議会の場でお互いに別々の米価を要求していてもしようがないということで、統一的に要求することになりました。農協や日農などの農民団体と共通した要求米価を米価審議会の中で主張していました。

一九五八年まで、日農と農協は共通の米価要求を掲げて運動を展開してきましたが、だんだん要求額を巡って食い違いが出るようになりました。日農は高い要求米価を掲げるが、農協は実現可能なレベルに押さえようとする。また運動方法についても、合法的に行おうとする農協に対し、日農はかなり激しい運動を展開しようとしました。そうした違いから、五九年からは、農協は、日農など農民団体と切り離して独自の米価運動を行うようになりました。農業基本法が六一年に成立し、都市と農村の所得格差是正が大きな課題でした。当時、米の生産は農業総産出額の四七％を占めていました。農家の米価に対する期待は非常に高いものがありました。

農協は、一九六一年に二回にわたる全国大会を開き、初めてデモ行進を実施しました。さらに、各県においても大会を開き、地方にも働きかけました。六二年には、一万人という大規模な大会を開催しています。そのような運動を展開して、米価が上がりました。当時は、まだ米が不足しているということも背景にありました。

しかし、そうした農協の米価運動も、やがて転機がやってきます。一九五〇年から六〇年にかけて、米価は毎年引き上げられましたが、六〇年代の中頃から米の自給が達成し、三年連続の一四〇〇万トンの生産が続き、過剰が発生し始めました。このため、政府は総合農政の名のもとに、六九年、生産者米価を据え置きました。それまでずっと上がってきた米価が急にストップしたため、地方では、不満が爆発しました。農協は毎年、米価運動の最後に声明を出していますが、この年の声明の内容を巡って大いに揉め、青年部と婦人部は、「自民党との対決」を強く要望しました。

当時、県の中央会の会長の多くは自民党員でした。従って、自民党との対決には否定的にならざるをえません。しかし、議論が積み重なるにしたがって、意見はどんどん強硬になっていき、当時の宮脇朝男全中会長は自民党との対決を避けるため、一生懸命各県の代表を説得しましたが、結局、声明に自民党と対決を盛り込むことになりました。その文言は、「我々は、激しい怒りと不信を抱く者であり、大幅な労賃、物価の上昇にもかかわらず、政府・与党は敢て農民軽視の生産者米価の決定をするならば、我々は全国の生産者、農民に政府・自民党農政の実態をくまなく徹底し、選挙を通じて対決せざるを得ない」というものでした。

この声明を出した後、宮脇会長は辞表を出して地元香川県に帰ってしまいます。しかし、各地から復帰への要望が強く、結局、全中役員の総辞職の後、会長として再登場することになります。その復帰にあたって、宮脇会長はこれまでの農政運動組織の限界を感じ、その改善を図ろうとします。最初に手がけたのが、政経分離の検討でした。具体的には、三〇歳以上の農業従事者による農業者連盟をつくって、そこで農政運動を展開する、というものでした。農協は経済事業体であるから、米価運動などの農政運動は別組織で行ったらどうか、ということです。これは宮脇会長自身の提案なのか、当時の全中事務局の提案なのかは不明ですが、その提案については各県の農政部課長から反発があって、日の目を見ずに終わりました。全中のあちこちを探して見ましたが、この提案に関する資料を見つけることは出来ませんでした。ただ、日本農業新聞には掲載されています。

宮脇会長は再選後、安易な政治依存を排して自主・自立・互助の精神に基づき、今後厳しい内外の環境変化に対して農協として主体性を持って対処していく、という自主建設路線を打ち出します。宮脇会長は、全中会長になってみたら乞食の大将になったみたいだと言っていました。農林省や自民党へ行って、「あれをくれ、これをくれ」と言って、おねだりばかりやっている、とこぼしていました。もっと自主建設の考えで農協を転換していきたいと考えていたようです。宮脇会長のこうした自主建設路線には、農協界から強い支持がありました。

現在の全中の農政の本部体制の基本をつくったのも宮脇会長です。米価闘争のたびに全中会長が辞めるのは農協運動全体に影響が大きいので、会長と米価対策本部長との兼任をやめて、副会長が米価対策本部長を兼任することになりました。また、「米価対策」を「米穀対策」と名称を変更しました。当時、「米価」一点張りから、米価だけでなく、米の生産・流通問題なども取り組んでいくべきだという考えです。

農政運動の方法にも変化がありました。それまで、米価要求全国大会の参加者は、希望すれば組合員なら誰でも参加できました。それを単協の組合長に限定しました。大衆運動方式を放棄したとの批判もありましたが、責任ある組合長のみの参加がふさわしいということでした。しかし当時、全国に六三〇〇もの農協があったのですから、組合長だけが集まっても、関連した団体からの参加を含めれば七〇〇〇人規模になります。もっとも、この大会参加方法も、後で変更になって、元に戻っています。

農協の農政運動は、農協の協同活動の一環

一九七三年の第一次オイルショックによって狂乱物価騒動が発生しました。また、旧ソ連による大量穀物買付による世界的な食料危機が起こり、初めて世界食糧会議がローマで開かれました。アメリカは大豆の輸出を禁止しました。そのように、食料安全保障問題への関心が高まった時代です。

もちろん、その当時も米価は上がったのですが、一方では物価、給料が大幅に上がる超インフレ

でした。六四年産の要求米価は六五％アップというものでした。運動もだんだん過激になり、出庫不協力、売り渡し延期などの闘争で、諸加算を加えて実質三七・四％に米価引き上げを獲得しました。これは四九年以降、最大な上げ幅です。しかし、狂乱物価のもとだけに、農家が大きなメリットを受けた訳でもありませんでした。

この時の要求米価全国大会では、追加払いの要求額が少な過ぎるとして、東北など米どころの青年部が壇上を占拠して議事が中断したり、全中会長に唾をかけるなどの騒動がありました。結局、追加払いの要求金額を引き上げることになりましたが、大会で要求額が変更されるのは異例なことでした。また、出庫拒否戦術は法律に違反するため、出庫不協力にとどめ、農協米対本部では出庫拒否を行わないよう指示していたが、一部の農協、青年部では出庫拒否に突入しました。運動方法で中央と地方のズレや、実力行使の問題などが明らかになりました。

このため米価決定後、農政運動のあり方の検討委員会を設置して「農政活動の体制との整備強化方針」を決めました。それによると、①農協農政活動は農協の協同活動の一環として展開して、組織の破壊や、農協の経済活動に著しい障害をもたらすような運動方法はとらない、②農協青年・婦人組織は農協農政活動の統一の中で活動するよう指導を徹底する、③農業者が結集して政治活動を行う政党中立の農民組織の組織化を検討するなどとなっています。つまり、経済団体としての実力行使闘争の限界を明らかにして、農協青年・婦人組織も、それに従うように呼びかけています。さらに強力な運動を展開するためには、農協とは別に新たな農民組織の設立を提案しましたが、日の目を見ませんでした。別組織が実現するのは一五年後です。

別組織が具体化した直接のきっかけは一九八六年の米価運動でした。当時、生産者米価の値上げ率は、八二年から八五年は一・一%、一・八%、二・〇%、ゼロ%というように一般の物価の上昇に追いつかない状態でした。実質的な米価の引き下げということで、当時の農民の不満が充満していました。八六年の生産者米価は、前年通りの算式で試算すると六・六%の引き下げになることを農林水産省は早くから言明していました。しかし、農協は実質的な引き下げは絶対阻止するということで、米価据え置きの要求をしました。中曽根内閣の時で、衆参同時選挙がありました。それに際し、農協は全候補者に農協の要求を支持するか、しないかという署名運動を展開しました。結果的に自民党が大勝した訳ですが、その時には、九〇〇人近い立候補者が署名して、当選した候補者のうち、三八〇人が農協の要求を支持していました。そこには、大臣五人含まれていました。従って、選挙が終わった後の米価審議会では三・八%引き下げの諮問に対して、自民党にとっては選挙の時の約束もあるので政府・与党の調整が非常に難航して、最終的には農協の要求通り据え置きの決定となりました。

これについて当時のマスコミが、本来は生産者米価を引き下げるべきところを農協の政治活動によって強引に据え置いたと一斉に批判しました。当時の玉置総務庁長官が、農協は農政活動や信用事業に傾注し本来の営農事業を軽視している、と批判して、農協の経営に関して行政監察を実施する、と発言するまでに至りました。それによって財界、マスコミの農協批判がさらに拡大しました。

そこで全中は、再び農政運動検討委員会を立ち上げて、一九八六年一一月の理事会において「農協農政運動の転換の方向について」を決定しました。そこには大きく分けて二つあります。一つは、「これからの農協農政運動は、価格、米対策に偏ることなく、わが国農業・農村の将来方向の明確化などの政策形成を基礎に、地域農業の振興、需給調整、構造改革、コスト低減、農村地域社会活性化などへの取り組みを促す総合的、かつ具体的な政策要求を掲げ、市町村、都道府県自治体並びに国の政策に反映させることが求められている」というふうに、今後の農協の農政運動では突出した価格要求ではなく、総合的政策活動による国民的合意形成を目指すということです。

もう一つは、農業者の農政運動組織強化について、「農業者の主張を実現していくためには、系統農協の農政運動を強化することはもとよりだが、併せて農協農政運動を補完するものとして、農協と不即不離の関係をもって活動する、農業者による農政運動組織を全国的に整備・育成して、農業者の政治力を結集し、農業者の代表となる者を国会及び地方議会に選出していくことが必要である」としています。これを基に、新しい農政組織の検討に入りました。

翌一九八七年の米価運動では米価要求全国大会を開催しませんでした。その代わりに、国民的合意を得るために、「いのちの祭り・シンポジウム」を開き、そこには、消費者や労働界からも参加しています。この時、シンポジウムを企画したのが、当時全中の課長だった山田俊男さん（参議院議員）でした。生産者米価は一九八七年は五・九％引き下げられ、それ以降、低米価が続くことになります。農協は八七年以降、要求米価の金額を出していません。八八年は、「再生産と所得確保の可能な額」という表現であり、八九年は「現行価格の維持」という要求で、食管制度が無くなるとともに米価の要求運動も無くなりました。

農協の農政運動の中で、私にとって印象的だったのは宅地並み課税に対する反対運動です。農協の農政運動は、一般的に、その多くが中央で仕掛けて次に県連に、そして単協、農家に流れていくという展開ですが、宅地並み課税反対運動は、それとはまったく逆の流れで、地方から盛り上がってきた運動した。一九六八年に都市計画法が公布され、その際には全中も線引きについて問題視して、各県に呼びかけていました。しかし、その時は反応がほとんど無かったのですが、七一年に地方税法の改正に伴って条例の改正が提示されてから、地方で騒ぎ出しました。というのは、A農地は現行に比べて宅地並み課税が二〇五倍、B農地では一四二倍、C農地でも三七倍にもなる訳ですから、黙ってはいられません。農業の収益性を顧みない課税は、農家の死命を制するものであり、あくまでも農地課税にすべきだという要求を掲げて宅地並み課税への反対運動が展開されました。

この時も経済界・マスコミは、宅地並み課税は当然であり、都市に農地は不要で、農民を都市から追い出せ、と言わんばかりでした。一方、農協は、本当に都市から緑が無くなっていいのか、というキャンペーンを張りましたが、そうした論調に一般の人びとが振り向くような雰囲気ではありませんでした。結果的に、そうしたキャンペーンは正しかったと思います。あの時、もしそうした主張をしていなかったら、宅地並み課税によって農民は都市から追い出され、三大都市圏に農地は残らなかったと思います。農地が残っていることによって、少しでも住みやすい都市になっていると思います。そうして農地課税を勝ち取り、その後、生産緑地制度や長期営農計画などの制度を導入して、農地課税を維持しています。

東京むさし農協の組合長をしていた佐藤純一さんから聞いた話ですが、彼は、当時、三鷹農協の青年部で活動していました。宅地並み課税の問題が起き、農地を手放し、農業から撤退をせざるをえなくなるのではないか、と思ったそうです。そういう状況の時に、宅地並み課税に反対する運動を農協が全面的に支援してくれ、それが今でも組合員の農協に対する強い信頼感に繋がっているそうです。そいう意味では、農政運動というのは、農民と農協を強く結びつける絆になっているのではないでしょうか。

農産物の輸入自由化反対運動は長い歴史がありますが、七〇年代から八〇年代にかけては、主として日米貿易摩擦に伴うもので、一二品目、牛肉、オレンジ、果汁問題などでした。政府や政党の要請だけでなく、五〇〇〇万人の反対署名運動、消費者との交流、海外要請団の派遣を行いました。

また、情報収集のため、ワシントンに全中事務所を一九八五年五月に開設しています。八六年九月にガットウルグアイ・ラウンド交渉開始が宣言されました。全米精米業者協会（RMA）が日本の米市場の開放を求めていたことなどから、危機感を強め、日本農業の生き残りをかけた闘いと位置付けて運動を展開しました。長期にわたる運動で、七年間で一〇〇〇人規模以上の全国集会を一三回開催しています。特に九一年七月には、東京ドームに五万人を集め、「米を守る緊急国民総決起大会」を開きました。恐らく、一箇所にこんなに人を集めて行う農協の大会は、これが最初で最後ではないかと思います。にもかかわらず、当時の一般紙ではほとんど取り上げません。取り上げたところでも一段記事でした。

全中は、この運動が終わった一九九四年三月に総括を行いましたが、そこには、次のような文言があります。「政治体制の変革に対して的確に対処できなかった」「財界・報道関係者による徹底した世論誘導に抗し切れなかった」などを挙げていました。このため、次のWTO交渉では、反省を生かした体制を組んだ運動を展開しています。国民的合意を得るため、各都道府県に消費者、労働界、学者などからなるフォーラムの設置、全中に食料・農業・環境フォーラムをつくりました。また、ウルグアイ・ラウンド交渉の最終局面で政府関係のみに情報が独占され、一方的に与えられた情報だけで判断を迫られたという反省から、情報を共有するために、政府、与党、JAグループによる三者会議を設け、それに参加することにしました。これにはトライアングルという批判もありますが、WTO閣僚会議の開催時には、現地で、こうした三者会議が開かれ、情報交換を行っています。

ＴＰＰに対しての全中の運動については、皆さんご存知だと思いますので、省略します。

新しい農協運動を展開するため組織体制

次に、農政運動の別組織の成り立ちについて説明します。先にも触れましたが、一九八六年の米価据え置きの時に起こった事態を反省して、農協農政運動の展開方向をまとめ、八七年度から新しい農協運動を展開するための検討が行われました。そして八九年に、全国農業者農政組織協議会（全国農政協）が発足しました。この名称に関しても、色々と議論がありまして最終的に「農業者」と「者」を入れました。従って、農協ではなく農家がつくる組織ということを強調しました。組織発足の検討段階では、中央会における農政と新しく出来る農政組織では、どう役割を分担するかも大きな課題でした。そこで、基本的に以下のような分担が図られました。一つは、中央会は政策形成・企画を担当し、同農政協は運動的な側面を担当する。二つは、中央会が農協・連合会の事業活動を通し組合員農家の立場・利益を代表するのに対して、同農政協は、農業者の立場をストレートに代表する、というものです。このような、仕事の仕分けを行いましたが、これは、あくまでも基本方針であって、現実は、そうなっていません。

なぜ、同農政協が設立したのに、機能分担できなかったのか。当初は、農政協の組織自体が、各都道府県に一斉に出来なかったことです。スタートした時に、全国農政協に加入したのは二三組織でした。四七都道府県にすべてに組織が出来たのは八年後の一九九七年です。そうして出来上がった組織も、任意団体であったり、政治団体であったりと、統一されていませんでした。また、全国農政協の事務局は少人数で、基本方針に対応できる体制ではありませんでした。

全国農政協の取り組む内容は、政治活動としては選挙が中心でした。ただ、TPPの集会を見ても分るように、全中と同農政協の共催が多くなっていて、開会挨拶は全中会長が、閉会挨拶や大会決議は同農政連の会長が行うようになっています。そして、組織の発足から五年後の二〇〇六年に、全国農政協は運動の総括を行っています。それによると、「設立から五年間、コメ自由化開放阻止運動に最善を尽くしてきたが、この間、各政党への公開質問、国会議員への署名獲得運動、政党代表者による公開討論会などを行い、農業者の意思反映活動に一定の独自行動の成果をあげることができた」こと、また「国政選挙立候補者に対する推薦、日常的な支援活動を通じて国会活動を継続させることができた」「陳情・要請運動の限界に対する危機意識が深まり、意思反映に新たな手法を求める必要が強くなっていること」などを挙げています。JAグループとの関係については、「JAグループによる農政活動への補完機能を重視しつつ、選挙・国会対策など独自色を強めていく」と、選挙に力を入れてきたことを強調しています。このため、全国農政協は同六年に全国農業者農政運動組織連盟（全国農政連）として政治団体になっています。

さらに、「中央会の政策形成・企画的側面の役割を担い、全国農政協は運動側面を担うことになっているが、実態は、中央会の運動面を担い、全国農政協は政治活動の役割を担うことになってい る。体制の実情から見れば止むを得ないが、将来の検討を深めるべきである」としています。従って、この延長線で考えると、全中が政策形成や企画を行い、運動側面は農政連が行うという当初の発足の趣旨を踏まえた議論が、今後出てくるのではないかと思います。その結果がどうなるか予測は出来ませんが、内部的にも大きな議論になることは間違いありません。

また農政活動の一つとして、新党の構想もありました。それについて、真剣に議論された時期もありました。一九九四年、ガット・ウルグアイラウンドが終結した時、農民の農協農政運動に対する失望感が強まり、当時、細川内閣時代は新党のブームでもあり、「泥付き百姓を国会へ」というメッセージを掲げ、石川県で農民連合が結成されました。九州でも九州連合をつくる動きがあり、JAグループもウルグアイ・ラウンド交渉の総括で、「農民新党を結成し、農業者の力で議員に政党活動をさせ、政治的影響力を行使しようとする考え方が提起されている。しかし、現在の不透明な政局の展開を慎重に見極めつつ、新党結成について引き続き検討する」としました。これをもとに、一九九四年に「農業者農政運動組織のあり方研究会」が出来、そこで検討を始めました。そこでは、新党結成のメリット、デメリットについて長い時間をかけて議論が行われました。結果的には、新党は結成しないことになったのです。検討段階の議論として、新党のメリットとして、農民の主張がストレートに反映できるが、デメリットとして、小さい政党では国会において政治力を持てないのではないか、ということなどが挙げられました。そして、新党をつくるに際して、国政選挙一回に当たり少なくとも二二億円の資金が必要になるという試算をしています。国政選挙が衆参合せて二年に一回として、年平均で各県の負担は二五〇〇万円となり、さらに政党を維持していくために活動資金が年間一六億円かかります。年間一県当たりにすると、政党助成金が交付されたとしても、三〇〇〇万円が必要になるということでした。併せて、各県五〇〇〇万円以上の負担になります。結局、新党は幻に終わりました。

国政選挙への対応として、全国農政連が国政選挙の候補者を推薦しています。多くの場合、各地方の組織が推薦した候補者を全国農政連が推薦する形です。推薦の基準としては、政策協定を締結していることが前提です。一九九六年一〇月の小選挙区制が導入された時の総選挙で見ると、推薦者二二五人のうち、自民党が二〇四人と圧倒的に多いですが、他の政党では社会二、新党さきがけ三、民主三、新進八、無所属四などとなっています。当選者は一八〇人でした。この時、宮城県農政連会長で全国農政協副会長の熊谷市雄さんが自民党東北ブロック比例区で当選しています。九八年の参議院選挙では、比例区で農水省出身の日出英輔さんが当選しています。二〇〇一年にはやはり農水省出身の福島啓史郎さんが当選しています。しかし、〇四年の参議院選挙では、前述の日出さんが落選しました。この時の反省点として、農林官僚として知名度はあっても、単協や農家での知名度はそれほどでなく、「自らの候補者を自ら選ぶ」「自分たちの仲間」から候補を出さないと戦えないのではないかということになりました。そこで、当時全中専務だった山田俊男さんが推され、〇七年の参議院選挙で自民党内の第二位の得票数で当選しました。ご存じのように山田さんは一三年の参院選挙でも再選されています。

農業者の意思を政治に反映させる農政組織として、農協以外に全日農などの農民団体があります。全日農は終戦後から昭和六〇年代まで、大きな力を持っていました。しかし、現在はすでに一万人を切っているのではないかと思います。農民連も、しっかりした活動をしている組織です。また、北海道農民連盟は、現在でも大きな力を持っている地方組織です。他にも、政党と結びついた組織・団体は存在していますが、いずれにしても、現在の農協が担っているような政治的役割を、これらの団体が担うことは難しいです。

国際的に見ると、農協が政治運動を行っているのは極めて珍しく、日本独自のものです。外国の農協は経済事業が中心で、政治組織は別にしています。例えばアメリカの農政運動組織は、ファーム・ビューローとファーマーズ・ユニオンがあり、前者は共和党支持で、企業を含めて三〇〇万人とも六〇〇万人とも言われる加入者がいます。後者は民主党系で、家族農業を主張している団体で、二五万人前後の加入者です。ユニオンは前者のビューローに比べ規模は小さいですが、自由貿易に反対して、ＴＰＰへの対応を含め日本の農協とよく似ています。アメリカには、この他にも作物別に農政組織があります。

ＥＵには、ＣＯＰＡ（欧州農業団体連合会）とＣＯＴＩＣＡ（欧州農協連合会）という組織があります。前者が農政運動を行って、後者が農協で、農政運動はしていません。しかし、事務所も事務局長も同一ですので実質的には同じなのかもしれませんが、組織的には別になっています。また、韓国では、農協中央会は日常的な政治運動は行っていません。政治運動をしているのは韓国農民会総連盟（全農）と韓国農業経営人中央連合会（韓農）です。前者は中小農民が主体で政府と対立することが多いですが、後者は政府によって後継者対策として組織され、比較的規模の大きい農家で構成されています。

農協の農政運動はどうあるべきなのかは難しい問題です。一つは、農政運動を行う組織を別にして分けた場合、何を、どこが、どこまで、やるのかという仕分けが難しいことです。農業者の利益と農協の利益、それらを単純に切り離せるとは思えません。もう一つは、単位農協から見ると、自分たちではなかなか農政活動が出来ないから中央会にやってもらう、という意識が強いです。そういう要望に対して、別の組織が応えられるかどうかです。特に資金と人材の問題があります。さらに、新しい農政連に農政運動を移行した場合、それがうまくいかなかったら、農民の声を反映させる組織をどこに求めればいいのか、という問題も出てきます。そのように、様々な検証を重ねて、新しい組織のあり方を考えて行く必要があると考えております。

（すだ　ゆうじ）

〈質　疑〉

――政治的中立ということは農協法に入っているものと、私は思っていましたが、国際協同組合連盟による協同組合原則に規定されているのであって、特に日本の農協法に規定されている訳ではないのですね。

須田　民主党政権の時に、農協法にも政治的中立を入れるべきだと議論になりましたが、参議院では通ったのですが、衆議院で廃案になったという経緯があります。農協法には、政治的中立の規定はないのですが、生協法には入っています。何故そうなっているのかというと、法律の策定時には生協は革新的なイメージを持たれていて、政府は生協に警戒感を持っていたと聞いております。

――別組織で農政運動をやるとした時、中央会は農協の利益を主張し、農政連は農業者の利益を主張するという分担をしようということですか。それとも、ＪＡグループが別組織で農政運動をする農政連をつくったのは、政治的な中立を図るためなのですか。

須田　農政運動の分担については、中央会は政策形成や企画を行い、そして大会の開催などそれを実現するための運動は農政連が行う、という分担です。そして、農政連は、農業者自らの運動組織という意味でもあります。そのように、別組織で政治運動を行うとした目的の一つは、農協自身の自己防衛もあるのではないかと思います。現在展開されているＴＰＰ

もそうですが、あまりにも過激な運動を展開して、経済事業に影響したり、農協への批判が高まって、その存続が危ぶまれる状況になるかもしれません。そのように農協自身が政治運動の前面に出ることを避ける意味もあるのではないでしょうか。

―― 自民党の森山議員が、今回の農協問題に関連して、農協の政治活動は止めたらいいのではないかということを言っていましたが、それは、今の農協の組織防衛という観点でおしゃっていたのではなくて、違う観点からの発言だと思います。自民党議員が農協のために働いていると思われるのが迷惑だ、ということなのではないでしょうか。

須田 この時期にそういう発言が出るのは、TPPを睨んでのことだと思います。今のところ、TPP反対の急先鋒は全中ですから、それが何らかの形で決着した時に、それを収めるのは大変になると思われます。そういう意味で、今、政治運動をあまりやって欲しくないのだと思います。また、これからの農政の展開にとっても、農協の発言力を弱めておきたいという考えがあるのではないでしょうか。

―― 自民党の農林部会などの会合にJAの人が入って、誰が何を発言したかとか、発言しなかったとか、メモをとって、そうした情報を単協に提供している、という話を最近聞きます。つまり、現場から政治を突き上げさせる、ということなんだと思います。そのように、農林族議員としても一挙手一投足まで監視されているような気がして、嫌気がさしているのではないでしょうか。

須田　確かに、そういった声もあるかも知れません。今までも、米価闘争の時などは、要請した議員が何を発言したかといったことを報告書にして、地方に提供していました。従って、今に始まったことではないのです。小選挙区制に移行して、都市部を基盤にした議員が増えてきていますので、そういう人たちは煩わしく感じるのかもしれません。

――かつての中選挙区制の下では、農協が推す候補者は農協票だけが頼りでしたが、小選挙区制になると、色々な所から票を集めなければならないので、あまり農協寄りのイメージを強くすると、他の票が離れていってしまう、ということがあるのではないか。小選挙区制が導入されて時間が経ってくると、そういうことが浸透してきているのでないか。

須田　かつては、農業問題に詳しい議員がたくさんいましたが、しかし、今ではそう多くありません。やはり小選挙区制で、しかも農家自体も減ってきていますので、そうした時代背景もあると思います。にもかかわらず、農協の農政運動は相変わらずですから、煩わしいと感じるのも無理はありません。

――韓国では、農協の経済事業体と政治運動体とが切り離されている、ということですが、なぜ日本ではそういかなかったのでしょうか。

須田　農民組織がきちんと出来ていれば、切り離しが出来ていたのでしょう。そういう意味では、日農の組織が政党との関わりの中で離合分散し、結果として衰退してしまったことが大きく影響しているのではないでしょうか。韓国での農政運動の中心となっているのが全国農民会総連盟という組織ですが、キリスト教系の組織が中核となって運動を展開してきたものですので、政党色が強い日本の農民組織とは異なる育ち方をしてきています。日本の農民組織は、あまりにも政党に深入りし過ぎたのではないでしょうか。

――農協は、農政運動として政策提案や要望書を出していますが、そうした運動の根拠である農協法にある行政庁への建議という機能は、今考えられている農協の改革で言われている中央会機能の廃止によって、影響を受けるのでしょうか。

須田　そうなると、農民の声をどこで反映させていくかという問題になるでしょう。農業委員会も同様です。これから、どういう形で運動を展開していくのかは分りませんが、全中では検討が進めれらていくと思います。

――農政運動を展開する中で、地方で議員を応援していますが、今の農業政策の形成の仕方は自民党がつくるというより、むしろ政府がつくる場合が多いので、そうすると、自民党の農林部会の力が小さくなってきているので、農政運動の力の入れ方が変わるのではないでしょうか。そこは、ＪＡではどう考えているのでしょうか。

須田　例えば、新人議員に対する教育のために勉強会を主催するなどの対応の必要性は言われているようです。しかし、自民党以外に頼れる政党があるかというと、現実的には難しい。ただ、農政運動の新しい形をつくっていかなければならないことは、間違いないと思います。

（二〇一四・七・二五）

自民党農政の変遷について

自由民主党本部事務局　吉田　修

私は長い間、自民党農林議員の黒子となって、国の農政を陰で支えてまいりました。その仕事は、自民党本部の政務調査会という政策立案機関の農林部会・総合農政調査会の事務局です。現在六六歳ですが、退職後も参与として引き続き農政に携わらせていただいております。よく「昔のことを語ってもしようがない、昔のことよりはこれからのことが大事だ」と、言う人がいます。特に政治家はそうで、「昔のことよりも今、そして今よりも将来のこと考えて、今に全力を傾ける」、のが政治家の常であるようです。私は政治家をそのように見つめ、思いながら政治家集団の中に絶えず身を置いてまいりました。そうして、約四〇年が過ぎました。先ほど司会者からは、私が農政の北極星などと身に余る言葉をいただきましたが、自分で自分を評価するなら、「丁稚から始めてやっと番頭になれたのかな」と。黒子という立場で、頭巾をとることなく、経営者にはなれない立場でございます。しかし、丁稚から番頭を目指して、頑張ってきたということは胸を張って言えるのです。今日は、私が書いた『自民党農政史１９５５～２００９』という本から、まず一〇年毎に分けて、見えてくる農政の特徴を概観し、次に戦後農政の転換について、ざっくりと申し上げたいと思います。その中でも、戦後農政の大転換と言えば、第一は昭和三〇年代半ばの農業基本法の制定であったし、第二が昭和四〇年代半ばから始まったコメの生産調整、そして第三が平成に入ってからの食管制度の廃止とそれに伴う米の市場経済への移行、国際ルールに適合した政策への転換、第四が安倍政権に入ってからですがＴＰＰ時代を如何に乗り切って行くか、この四つに分類することが出来ると思います。その中でコメ農政が常に源流にあるということが出来ます。それに加えて、消費者ニーズの変化や農業団体の運動の推移などについても触れたいと思います。

▼昭和二〇年代、食糧増産時代▲

日本は、戦後復興において農地法を確立し、自作農主義に徹する覚悟を固め、その上に農業委員会法と土地改良法を載せて、生産に必要な農地づくりと農業を支える人への体制をまず整備してスタートしました。さらに戦前からあった産業組合を今日の農協組織に作り変え、食管法（食糧管理法、戦前の昭和一七年成立）を下に米麦作りに大いに邁進したということが出来ます。加えて、連合国（米国）からの食料援助がある中、農家の二、三男坊らが大挙して戦地から実家等へ帰還するようになったため、全国的に山奥まで開拓や干拓事業が急ぎ進められたのです。

また、農産物価格安定法（農安法）を制定し、サツマイモやバレイショ、大豆、菜種などの再生産への価格保証制度を確立するとともに、繭糸（生糸の原料）価格安定法をつくって養蚕振興の制度的裏打ちを行ったのです、昭和二〇年代の農政は「戦後の農と食の体制を固めた一〇年」であったと言えます。

▼昭和三〇年代、基本法農政の幕開け▲

昭和三〇年代に入ると、戦後の高度経済成長が軌道に乗ります。昭和三〇年代の終わりには早くもコメの自給が達成できるようになります。しかしその一方で、産業間格差が拡がって、工業化で先行する東京や大阪などの大都市圏に対して、生産性の低い農林漁業を中核としている地方へのテコ入れがなんとしても重要なテーマとなります。そこで、池田勇人内閣は一〇年の所得倍増計画をスタートさせます。さらに政府は、国土の均衡ある発展を目指して、全国総合開発計画（いわゆる全総）をスタートさせました。

そうした中、農政は、コメだけでなく畜産や酪農も大いに大事だということで、「農業生産の選択的拡大」を合言葉にして農業基本法の制定へ動きました。これが昭和三六（一九六一）年のことです。これを契機に農政は「基本法農政」と呼ぶようになります。昭和三一年に発表された通産省の経済白書には「もはや戦後ではない」という表現が盛り込まれました。これには農林省も煽られました。一方では賃上げ闘争の労働争議が激しくなる中、農業団体も賃上げ闘争を米価闘争になぞらえて、「コメで成り立つ生活」を訴え続けます。春闘は春に終わるので、その夏（七、八月）には生産者麦価がまず前哨戦としてあって、それから本番の生産者米価の決定を迎えるのです。農協組織の全中や農業委員会系統の全国農業会議所がそろって生産者側の要求米価を提出し、それに自民党農林議員が大いに応えるといった図式で毎年、生産者米価の季節を迎えることになるのです。

他方、日米安保条約が改定（一九六〇年）され、日米軍事同盟は経済同盟ともなり、日本経済はアメリカ国民の需要に支えられて発展を続けるのでした。これが米国からわが国に対して農産物の市場開放を突きつけられる第一歩だったのです。

加えて、畜産物価格安定法（畜安法）が、昭和三六年に成立しましたし、農業構造改善事業が全国津々浦々で動き出すようになりました。このように、高度経済成長の豊かな財政が続く中で、昭和三〇年代は「基本法農政の槌音が高くなった一〇年」だと言うことが出来ます。

なお、昭和三〇年代は、日本人のコメ消費がピークとなった時でもありました。農林省の統計によれば、一九六二年に、年間一人当たり一一八キログラム消費が記録されております。因みに二〇一二年には、それが五六・二キログラムと約半分に減少しています。加えて、生産者米価で特にコメントしたいのは、米価の算定方式についてです。米価の算定は食管法によって「生産費所得保証方式」が採用されており、具体的には「経済・物価その他の事情を参酌して決める」というようになっておりました。その「経済・物価その他の事情を参酌して決める」に政治家が関与する根拠があったのです。

▼昭和四〇年代、コメ過剰を総合農政で乗り切ろうとした一〇年▲

昭和四〇（一九六五）年代に入ると、コメの増産基調が定着して、コメの過剰問題に直面します。この年代は、東大の先生も「できっこない」と言っていたそうですが、田植機が出現し、また耕耘機の普及によって稲作の労働時間が大幅に短縮されます。一方、酪農問題が深刻となったことから、加工原料乳への生産者補給金を規定した「不足払い法」が成立いたします。

また、日本経済の国際化が進む中、米国からの農産物市場開放の圧力が一段と強まります。このため、自民党では「輸入は不足農産物に限る」との基本姿勢を固めて、政府をけん制することになります。けれども、日米の貿易不均衡の拡大から、アメリカからの農産物の輸入自由化要求はとどまることを知らず「米側の要望には出来るだけ応えたい」とする政府に対して、農業団体と自民党農林族議員が激しく抵抗します。

また、農業団体はコメの生産調整（減反）を梃子に、生産者米価の大幅な引き上げを求め、自民党農林族議員がそれに積極的に応えます。それによって「売買逆ザヤ」が拡がるばかりで、国の財政負担がずっしりと重くなるのです。しかしながら、この時代は、まだ高度経済成長による潤沢な財政事情がそれを許しました。

他方、消費者は、生産者米価の引き上げが消費者米価に連動することを嫌い、生産者米価の後に来る消費者米価の値上げに反対の声を上げます。そのために消費者は農産物の輸入自由化を積極的に支持し、国産よりも安い農産物の輸入に賛同していました。鉄鋼・自動車・家電等からなる経済界、それにマスコミまでが農産物の輸入自由化を支持し、米側の要求を後押しする形になったのです。

政府・与党では、昭和四〇年代半ばから、コメから他の作物へ切り換える「総合農政」を稼働させました。このため、昭和四四（一九六九）年からは、開田が抑制され、また農業者年金制度が発足します。国民皆保険時代と言われた頃です。

また、この年代には、稲刈りが終わると、農家の主らが一斉に東京、大阪などの大都市へ「出稼ぎ」が続出します。春の田植え時には戻るのですが、半年都会で働けば失業保険でちゃんと収入がカバーできたのです。

しかし、政府では農村地域工業導入促進法などを制定して、地方での雇用の場を模索するようになります。公害問題が深刻化し、環境行政が重視される時代へと入ります。さらに、日本の人口が一億人を突破、東京への一極集中が顕著になり、田中角栄内閣の「日本列島改造」ブームが到来します。過疎法（過疎地域対策緊急措置法）が成立します。ＧＮＰ（国民総生産）でわが国は世界第二位に躍進して、明治百年を迎えました。これが昭和四〇年代の姿であります。この時期の農政を一口で言えば、「コメ過剰を総合農政で乗り切ろうと必死になった一〇年」と言うことが出来るでしょう。

▼昭和五〇年代、米国との自由化交渉が激化し、食管法が形骸化する一〇年▲

昭和五〇年代に入ると、経済大国の仲間入りを果たしたわが国に対して、米国は一層、農産物の輸入自由化を求めます。米国は、まず残存輸入制限品目の撤廃に加え、牛肉・オレンジ、さらにはコメの自由化を求めて攻勢を強めます。経済界、マスコミ、消費者がそれを後押しし、日米両政府の日米農産物定期協議では、米側が「転作を休耕にすること」など、内政干渉ではないかと思われるほどの要望もします。一方、過剰米と売買逆ザヤから財政負担が増えるばかりの生産者米価については、引き下げたいとする政府に対し、農業団体それに自民党農林族議員が抵抗して対立が激化し続けます。このため、食管法にバイパスを設けて「自主流通米」制度をつくりました。その結果、コメ議員は「基本米価」派対「良質米奨励金」派に分断されるのですが、全中は必死になって組織をまとめ、生産者米価運動を「基本米価引き上げ」で一本化させるのでした。

また、一戸建ての持ち家政策が農地の宅地並み課税や農地転用問題と密接に絡んでくるようになりました。さらに食生活が高度化・多様化し、コメの消費が減少する反面、肉類、牛乳・乳製品、果樹・野菜等の消費が増大します。主食が減って副食が増えたのです。このため、コメの生産調整と併せて、「農産物の需要動向に即した生産の再編成」や「地域農政」がしきりに強調されました。

一方では学校給食に米飯給食が導入されました。わが国は「飽食の時代」へ突入するのです。また小売では、コンビニやスーパーマーケットが登場し、牛乳の安売りなども表面化してきます。このため、酪農団体では牛乳の安売りが「独禁法違反」（優先的地位の濫用）ではないかと訴えを起こすようになるのです。しかしながら、スーパー業界は「我々は損をしていない」と開き直りました。

一方、農政に外部から注文をつけている第二臨調（第二次臨時行政調査会）は、「農林省はカネ食い虫だ」と、農業改革への圧力を強めます。農産物の輸入自由化や農家の規模拡大、農林省補助金の削減等を強く迫りました。他方、アメリカからの圧力もあって、大店法（大規模小売店法）の改正による大型ショッピングセンターの地方進出を可能としたことから、農協スーパーがやられてしまうのではないかといった焦りの声も上がり、政治的に売り場面積を縮小させるような一幕もありました。また、食事の洋風化のみならず、マンション等が増えて、着物を着て下駄を履くような習慣が大幅に減ったために生糸の需要が急減し、絹業者が安い輸入糸を求めたことも重なって、ついに養蚕農業が崖っぷちへ追い込まれます。

漁業も二〇〇海里時代に突入し、「獲る漁業から作り育てる漁業の時代」へ移行する頃です。林野関係では、自民党農林族は「水源税」の創設に挑戦しますが、林野庁以外の支援はなく、これはかないませんでした。全国的にゴルフ場の建設ラッシュが始まった時期です。

このように、昭和五〇年代は、「米国との自由化交渉が激化し、食管法が形骸化した一〇年」と言うことが出来ます。私が農林部会を担当し始めたのが昭和五二（一九七七）年。当時、日本は米国にNOと言えずに「米国がくしゃみをすれば、日本は風邪を引く」と言われていた時代です。

食生活が高度化したと言いましたが、この頃、渡辺美智雄氏は「銀座の乞食も糖尿病」という名セリフを残しました。また、江藤隆美氏は「周りが山なのに水まで輸入し、木を使わずマンションに住み、コカコーラを飲んでインスタントラーメンを食べていたら頭がおかしくなるのは当然」とか、「人材と木材は山から出る」などと迷言を吐いたものです。また、農政の大御所だった桧垣徳太郎氏は、酪農団体が加工原料乳の枠の増大を要望した時に、「限度数量というダムが壊れたら、自分たちがやられてしまうぞ」と強調していました。この制度は桧垣氏が農林省の役人時代につくった制度です。さらに、学校給食に米飯を導入した際には、食糧庁が新規実施校に対してコメの値引き販売を実施しました。学校給食ではすでにパンが定着していましたので、食糧庁がパン屋に炊飯器の導入やコメのとぎ汁の汚水処理などに補助金をつけて、渋る学校給食会（文部省所管）を説得したのでした。

▼昭和六〇年から平成一〇年、食管法が廃止され、コメが部分自由化▲

昭和六〇年代から平成に入っての農政では、まず牛肉・オレンジの自由化問題が、当時の佐藤隆農相によって決着されました。そこで米国は、いよいよわが国農業の本丸である「コメの輸入自由化」へ踏み込みます。コメの輸入自由化阻止では五〇年代から「国会決議」を三度も行いました。これに対し政府与党は、コメの自由化問題を日米二国間交渉からWTOでの多国間交渉の場へ、味方を増やすために交渉の戦略を巧みに変えました。戦術的には、スイスやイスラエルなど食料純輸入国との連携を深め、米国を始めコメの輸出国に対抗することにしたのです。また、交渉の場もワシントンからWTO本部のあるスイスのジュネーブへと移ります。従って、議員外交もジュネーブが拠点となりました。

国内においては、生産者米価は「据え置き」から「引き下げ」時代へ入りました。膨大な過剰米処理経費のために食管法が持たなくなるという議論が後押ししました。これには農業団体もまいりました。３Ｋ（国鉄、健保、コメ＝食管）赤字への批判も一層強まり、国鉄も民営化が決まった頃です。それどころか、細川連立政権によってコメの部分自由化がミニマムアクセスという形でなされたのでした。

この自民党の下野は、政治改革で分裂したために起こりました。ちょうどウルグアイラウンド交渉が大詰めを迎えていた時分でした。社会党と一緒になった自民党離党グループ（羽田孜、小沢一郎氏ら）は細川護熙政権を誕生させ、コメのミニマムアクセス（部分自由化）を受け入れます。さらに、平成の大凶作（平成五年）によるコメの緊急輸入が、「平成のコメ騒動」を引き起こします。

コメ騒動ではタイ政府から抗議を受ける一幕もありました。細川内閣は羽田政権へ引き継がれるものの一年以内で自民党政権（正確には自・社・さきがけ政権）へまた戻るのですが、社会党の村山富一内閣を経てまた自民党が政権を担います。

そして、ウルグアイラウンド合意の事後対策として、六年間で六兆一〇〇億円（事業費）からなる緊急対策事業が開始されたのです。その財源は、毎年の補正予算で計上されることになります。また、コメの部分自由化により、コメの輸入を想定しなかった食管法はついに廃止となり、代わって食糧法が制定、新たなコメ政策をめぐっての議論へと進みます。

同時に中央省庁が再編され、農林水産省の名称は維持されたものの、食管法が無くなったことにより食糧庁も無くなり、新たに消費安全局が設置されることになります。わが国経済は、いわゆるバブル経済が崩壊し、ゼロサム経済へと突入します。緊縮財政が始まります。

このように、昭和六〇（一九八五）年から平成一〇年までの時代は、「食管法が廃止され、コメが部分自由化へ」の時代と言うことが出来ます。この点、山本富雄氏が、農林大臣を終えて党の総合農政調査会会長になられた時に「コメは絶対に自由化できない。コメは日本人にとっての命だから、自由化阻止には命がけで当たるんだ」と口を真一文字に結んで、対米交渉に臨んでおられたことを思い出します。

コメのミニマムアクセスは、国内消費量の四％～八％で、量にすると四〇万トンから八〇万トンになります。七年間かけて、ここまで増やすというものです。途中で関税化に切り替えたため、現在では七七万トンです。米価闘争で「ベトコングループ」（自民党コメ農政同士会）の中心人物であった桜井新氏は、「農業の国際ルールにハンディキャップを認めないという米国の姿勢は不当だ。弱い者にハンディキャップがあって当然。農業交渉は弱肉強食の世界であってはいけない」と主張し、世界を飛び回っていたのが印象的でした。また、高速交通体系が整備され、物流が一変し、卸売市場の整備が急がれました。大手コンビニの地方進出も起こり、農協の取組みも忙しくなるのです。消費税が竹下内閣の下で導入されました。

▼平成一〇年代、WTO時代の中、価格支持から所得支持政策を模索した一〇年▲

平成一〇（一九九八）年代は、WTO農業交渉が本格化します。農業交渉では、「非貿易的関心事項」の位置づけをテーマに、議員外交が活発に行われ、ジュネーブでの交渉に全力が投入されます。そうした中、農政はそれまでの価格支持政策から所得支持政策へと脱皮し、農業保護の手法を大きく転換させました。農業基本法を廃止して食料・農業・農村基本法を制定しました。同基本法の下に、中山間地域に対する直接支払いを初めて導入し、農業の多面的機能に貢献する農業者へ助成することにしました。

一方では、担い手を絞りながら経営所得安定対策（品目横断的経営安定対策）を重視する政策へと進みます。しかしながら、担い手の対象をめぐっては議論が白熱し、担い手の要件を緩やかにするとともに、「集落」を担い手として位置づけることにしたのです。品目横断的経営安定対策に入る前の「新たなコメ政策」に続いて、畑作・畜産・酪農・地域作物（サトウキビ）についても担い手に対する経営所得安定対策を導入することになります。こうした政府・自民党の政策転換に対して民主党は、「小規模農家の切り捨てだ」と激しく批判するようになります。

ＷＴＯ農業交渉では、包括関税化を目指しながら、わが国は「上限関税の阻止」と「重要品目の数の十分な確保」を各国に要求して、政府・与党・団体一体の積極的な外交を繰り広げます。だが、その一方で「顔の見える」二国間交渉（ＦＴＡ、ＥＰＡ）も活発化します。

さらに、中国野菜の輸入急増に対して、わが国では初めてとなる一般セーフガード発動のための調査が、政府により行われました。また、口蹄疫やＢＳＥ、鳥インフルエンザなど、畜産の法定伝染病が相次ぎ発生し、消費者の食の安全・安心に対する関心を一挙に高めました。このため、消費安全局が設置されたのです。一方では、「地産地消」や「産直」が各地で増大しました。有機農法への指向や食育の気運も高まりました。高齢・少子化が進行している農村にあっては、限界集落といわれる集落が増大し、鳥獣被害対策なども新たな政治問題として浮かび上がるようになりました。

そうした中、都市と農山漁村の交流の枠を超えた共生・対流やスローフード運動、グリーンツーリズムも政策課題になってきました。このようなことから、平成一〇年代は、「ＷＴＯ時代の中、価格支持から所得支持政策を模索した一〇年」と言えると思います。

▼平成二〇年代、TPPを如何に乗り切っていくかの正念場▲

平成二一（二〇〇九）年、民主党が政権の座につき、コメ農業に戸別所得補償制度を設けますが、法的裏付けを持たず不安定なものでした。自民党はそれに対しバラマキと批判しました。民主党政権はわずか三年で終わりましたが、その間、民主党政権は、コメから他の転作作物への交付金をコメの生産調整の達成と切り離すなど、自民党とは異なる施策を実施したのです。一方では農業の「六次産業化」を法制化しましたが、効果のほどは定かではありません。

しかし、農業戸別所得補償制度の予算（約五千億円）を土地改良事業（公共事業）や一般農政費の強い農業づくり交付金等を大幅に削り取って充当したため、コメ以外の重要施策が大きく後退する破目に相成りました。林野庁や水産庁の予算まで喰ってしまったのです。そうした最中、東日本大震災が発生し、加えて東京電力の福島原発事故によって農林水産業は甚大な打撃を受けることになったのです。一方で民主党政権は、TPP交渉への参加協議を発表したのでした。

民主党政権が約三年で崩壊しました。自民党の安倍政権へと交代します。安倍政権は、TPP交渉への参加を正式に表明、同時に主要農産物（五品目）を「国益」扱いにして、必死の努力を続けているところです。その一方で「攻めの農政」を本格化させて、農業・農村所得倍増計画一〇か年戦略を掲げ、輸出振興にも取り組んでいるところです。

さらに、農地中間管理機構を制度化して、担い手への農地集積を本格的に活発化させるなど、農業の構造改革へ不退転の決意で臨むようになりました。五年後には農業団体が責任を持つ生産調整へ転換する方針も決めています。消費税が八％に引き上げられました。政府の規制改革会議では、全中と農業会議所の廃止を掲げて、農業団体には誠に厳しい時代となっております。そういうことで、今日の農政は、「ＴＰＰ時代をどう乗り切って行くかの正念場」の農政だと考えております。

大きな農政転換の特徴（所得倍増計画と農業基本法）

昭和三〇（一九五五）年、自由党と民主党の保守合同が成って、自由民主党が結成されました。最大野党の日本社会党は社会主義を標榜しておりましたので、農政上も水と油の関係が続くことになります。それが幸か不幸かはともかく、政界再編等により紆余曲折はあったものの、基本的には自民党が農政を担当し続け、良くも悪くも評価されて今日に至っています。

終戦（昭和二〇年）から一五年しか経っていない昭和三十六年、農業基本法が成立致しました。自民党農政の第一の転機が「農業の憲法」とも言われた農業基本法の制定です。この法律は、農業生産の選択的拡大を図ることを目的につくられました。つまり、コメの増産や生産性向上と併せて、畜産、酪農、麦、大豆、果樹、野菜など日本人が必要とする他の食料を振興させ、コメに力を入れるだけではなく、他の部門も合せて振興させることを政治、行政、生産者（団体）ともに認識して、取り組むことを決意したのです。その立役者は農相から党に戻り、後に総理になる、政調会長になっていた福田赳夫氏でした。当時の池田勇人首相は、広く国民に「一〇か年間で所得倍増計画」を公約したことから、農業部門での政策の遂行を福田氏に託したもので、福田政調会長は赤城宗徳、井出一太郎氏ら農林幹部とまとめあげました。その農業基本法では、農道整備を含む土地改良事業や農業災害補償の充実、北海道における酪農と畑作、南九州においては肉牛、養豚、養鶏が位置づけられ、振興策が講じられました。これによって開拓や干拓事業が強化され、稲作が基幹作物として特色ある農業が全国各地で展開されることになりました。今日のわが国農業の原型となりました。

しかしながら問題が生じました。高度経済成長が輸出産業の主力である自動車、造船、鉄鋼等の年一〇％を超える成長によって推移したため農業が追いつかないという事情でした。それでも米麦は、食管法の生産費所得保証方式によってカバーできましたが、他の作物がそうでないため、勢いコメ農業に特化してきたのです。それ故、生産者米価の引き上げによって収入を増大しようとする農家が激増しました。それが結果的にコメ生産を野放図にし、過剰米の出現を生み出したのです。

その反面、国民の食生活は高度経済成長とともに洋風化を強め、コメ離れに拍車をかけるようになります。農産物消費は、肉類、油脂、パンの消費に弾みがつき、工業製品の輸出拡大と裏腹の関係になって、米国の農産物輸入の増大要求へと突き進んでいくことになりました。

外交面では、日米安保条約の締結による経済同盟関係が深化したことから、農業大国である米国からの農産物輸入要請を避けて通れなくなってきたのです。全中（全国農協中央会）や全国農業会議所では、生産者米価運動への取り組みを一段と強くしました。これがひとつの特徴と言えます。

▼コメ自給とコメの生産調整▲

コメの生産調整は、昭和四六（一九七一）年から本格的に実施されました。コメは、食管法によって、「国が生産したコメの全量を買い上げ、全量を国民に配給する」というように、戦前から社会主義のような「統制経済」を続けてきました。ところが、昭和四〇年代早々にコメの自給が達成されると、一転して供給過剰時代に入りました。約二〇年で主食のコメ生産が過剰に至るという日本人の底力には驚かされます。農業基本法が成立してまだ一〇年弱ですが、コメの生産過剰に対しては、食管制度の維持とコメの需給バランスを回復するため、生産調整を行うことを決意した農家の協力に対し、敬意を表したいと思います。一方で、当時の自民党の田中角栄幹事長は、国道から二〇〇㍍以内の水田を宅地転用で許可制にするという荒技までやってのけました。

ところで、コメの生産調整を法律で強制することには「私有財産権」の侵害にあたり、憲法違反のおそれもあることから、生産者みずからが国に協力するという手法で推進を図ることになりました。そうして都道府県別に生産調整面積を国が配分する仕組みを構えたのですが、皆自分の減反面積は少ない方が良いことから、都道府県の主張は平行線をたどるばかりでした。具体的には、北海道は「大規模で生産コストの低いコメ作りこそが農政の目指すべき姿だ」と主張すれば、東北・北陸地方の米どころでは、「消費者に好まれるうまいコメづくりこそが適地適作の基本だ」と主張するし、「畜産・果樹等との複合農業こそが日本農業の目指すべき道だ」と主張する九州など、生産調整から逃げようと対立したのです。結局は、全中が都道府県ごとの生産調整面積を消化する役割を引き受けたのです。従って、コメの生産調整に果たしてきた全中の役割にはとても大きなものがありました。しかし後になると、農業団体は自分たちがすることを「国のために協力していると錯覚しているのではないか」といった批判にもつながるのでした。これは、食管制度の功罪そのものだったと言えましょう。全中は歯を食いしばって全国の調整に当たってきたのです。

そうして始まったコメの生産調整と軌道を合わせるように、自民党では「総合農政」の展開として、地域農政を本格的に進めることになりました。私の恩師でもあった湊徹郎氏は、三代目の総合農政会長でしたが、「農林省の補助金の基準を西から東に直したい」と力説していたのを覚えています。農林省の補助事業の採択基準が西日本に有利になっていたのだと受け止めました。湊氏は福島県の代議士でした。その当時、既に加工原料乳保証価格制度が成立していましたから、食管法（米麦）、農産物価格安定法（大豆、ナタネ、甘味資源作物等）、畜産物価格安定法、加工原料乳不足払い法、指定食肉卸売価格安定制度と合せて、畜産を含めて主たる作物の生産者価格体系がほぼ出来上がった時期でした。しかしながら、本来は生産性の向上によって所得の向上を目指すべき農業基本法の精神が、現実には生産者価格の引き上げによって所得の向上につないでいったことが、わが国農業の構造改革の遅れに結びついていったと言うことが出来ると思います。

農業団体は生産者米価の引き上げに東奔西走し、農林族議員もまたそれに応えようと奮闘したのでした。然るに、コメは生産過剰になり、第一次過剰米処理に七四〇万トン、第二次過剰米処理に六〇〇万トンと、膨大な処理経費を使い、なんと三兆円も費やしたのです。コメを家畜のエサに回したのもこの時でした。それ以前は、人の食べるコメを家畜のエサにするなどと言ったら「バチがあたる」と叱られたものです。もしも当時、コメを飼料用に回すことを真剣に考えていたら、今日、輸入飼料に依存している日本の畜産業は変わっていたと思います。いずれにしても、自主流通米制度などで食管制度にバイパスを設けたものの、農業団体は自ら試算した要求米価の実現のために政治家を動かし、東奔西走していたのです。コメにかける農民の気魄にはすさまじいものがありました。自主流通米が設けられ、北海道産コメと都府県コメとの間に「品質格差」を導入した際には、自民党総務会の席上で、北海道の中川一郎氏が品質格差導入に激しく反対し、導入の説明に立った桧垣徳太郎氏、中尾栄一氏ら農林幹部と口角泡を飛ばしてやりあった光景が、今でも昨日のように思い出されます。結局は、農林省が「激変緩和措置」（四年間）を講じて一件落着したのでした。

また、昭和五〇年代に入ってすぐに、中川一郎や渡辺美智雄氏によって、農地三法（改正農地法、農地利用増進法、改正農業委員会法）が成立しました。これによって土地利用型農業の経営規模の拡大が図る施策が推進されます。しかしながら、今日のように、国が農地を借り上げて、担い手への農地集積を積極的に図るといった直接的な方策ではなかったために、容易に農地流動化は進まなかったというのが現実でした。

当時の農業団体といえば、生産者米価運動とともに牛肉・オレンジ輸入自由化の外圧をはね返すための運動に力が入って、加えて減反強化への対応や都市計画法による宅地並み課税問題など、次から次へと新たな火種が生じてきたことから、農業構造改革に落ち着いて取り組めるような環境にはならなかったのだと言えます。

そうした中、牛肉・オレンジは輸入自由化され、ウルグアイラウンドの妥結によってコメまでもがミニマムアクセスが開始され、平成一一（一九九九）年の関税化への移行と、めまぐるしく農政は展開していきます。コメの関税化は、もはや国が買い上げて国が売るという時代ではなくなったということを意味しています。この時期は、まさに激動の二〇年間であったと思います。

▼コメ市場経済への移行と国際ルールに沿った政策の開始▲

平成六（一九九四）年、「自・社・さ」の村山富一政権（社会党）において「ウルグアイラウンド国内対策」が開始されました。同時に、国によるコメの義務輸入（ミニマムアクセス）が始まることから、コメ輸入を想定していなかった食管制度はついに廃止の道へと進みました。そうして現在の食糧法が制定されたのです。さらに、平成一一年には、それまで日本農業の憲法といわれてきた農業基本法も無くして、新たに農業の多面的機能の維持や食料自給率の向上、さらには都市農業の重要性まで盛り込んだ「食料・農業・農村基本法」（新基本法）が制定されました。平成一二年からはＷＴＯ農業交渉がスタートしましたが、国際潮流に合致した農業政策に転換しないと「日本農業の補助金はバタバタと切り込まれる」といった危機感が募っていました。また、小泉純一郎政権が緊縮財政を取ったことから、「農業予算は増えないし、これからは守るべき担い手を絞って、そこに予算をつぎ込んでいくしかない」と、松岡利勝氏が新農政への舵取り役を務めたのでした。

こうして、農政は国際ルールに沿った改革へとシフトを強めたのです。これが、農政の大転換への道につながりました。なお、新基本法では食料とするか食糧とするかについても幹部間で議論しましたが、役所の意見も踏まえながら「食料」で行くことを選択しました。

三月には畜産物、六月には麦と菜種、七月の生産者米価、九月から一〇月にかけての甘味資源作物（ビート、サトウキビなど）と大豆と、生産者価格の決定に明け暮れしていた農政の年中行事が大きく様変わりして、秋に同時集中的に政策価格の決定が行われるようになりました。農水省の高木勇樹事務次官が先頭に立ちました。党側は松岡利勝農業基本政策小委員長の時代です。価格の決め方も、従来のように各作物の再生産に必要な生産者価格の決定という視点ではなく、その作物を生産している担い手の所得確保に視点を置いた、今日のような品目別経営所得安定対策の導入へと進んだのでした。生産刺激的な価格への補助金は、WTOの規定によって大幅に削減されることになったからです。他方では、行財政改革の掛け声が高くなって、農業補助金の削減が強く求められたことから、「従来の政策手法はもう通用しない」ことを農政関係者が等しく認識したからでした。

食糧法への移行とコメの関税化がそれを決定的なものにしました。農水省の施策が「価格は市場で、所得は政策で」を地で行くようになったのです。江藤隆美、堀之内久雄、松岡利勝、谷津義男、中川昭一、それに二田孝治氏らが深くかかわったのです。松岡小委員長は、当時、家族経営三三万から三七万、法人および生産組織が三万から四万とはじき、他産業従事者並みの生涯所得の確保を目指したのです。ちょうど西暦二〇〇〇年、農政は二一世紀へと歩み出したのです。

それから今日まで、コメ政策を始め、新政策を模索し続けておりますが、中山間地域への直接支払いを皮切りに、品目横断的経営安定対策、民主党の農業戸別所得補償制度、さらに自民党が政権に復帰してからの経営所得安定対策、さらに中山間地域直接支払いに加えて農地・水・環境保全農業直接支払いの導入などにつながってきているのです。

▼消費者意識の変化▲

また、WTOが立ち上がり、早速、「日本提案」の検討に入りました。日本提案には農林漁業団体の意見をしっかり反映させながらまとめ上げました。米国を始め世界の強豪と戦う訳ですから、早い段階から政府・与党・農林漁業団体が一致結束し、「三位一体」で臨むことが必要と農林幹部が判断したものです。そのため、政府・農林幹部・農林漁業団体代表者の三者からなる「三者懇」を設置して、党本部で十数回も会議を開催しました。ところが、消費者なり、経済界への説明が欠けていることを認識した中川昭一氏は、東京四谷にある主婦会館と大手町のJAビルの隣にある経団連会館に出向き、WTO日本提案の説明会と称する意見交換会を何回も行ったのです。

消費者の意識も変化してきました。とりわけ、平成八（一九九六）年に発生したBSE（牛海綿脳症）問題が、消費者の食の安全に対する意識を根本から変えたと思います。武部勤農相（当時）は、消費安全局を設置して、「農水省の軸足を消費者に変える」とまで宣言したのでした。

自民党は、食料・農業・農村基本法制定の過程でも消費者団体の代表者から意見を聴取しつつ「食料自給率」の位置づけを考えました。飽食の時代に突入し、海外の食品や農産物で食卓が溢れれば溢れるほど、消費者は自給率の低下を恐れ、口にする食べ物が多少割高であっても国産の物が良いとする認識が強まってきたのです。

この傾向は次第に強まってきたのですが、宮崎で発生した口蹄疫、雪印乳業大阪工場で発生した食中毒事件、その翌年に発生したBSEにおいて、消費者の食の安全・安心に対する意識が決定的に変化したと言えます。その頃は、中国産野菜に対する政府のセーフガード調査が行われたりしましたが、中国からの残留農薬のついた野菜が輸入されてマスコミを賑わしていたのです。消費者の理解と協力が欠かせないと判断した党は、中川昭一氏らが「これからは消費者とも連携して農政を進める」と宣言し、東京四谷の主婦会館に何度も足を運んだのでした。そこで、消費者団体代表者からは、「これからは、国は農業にもっと予算をつぎ込んでほしい。自給率が低く、食の安全・安心を考えるともっと国内農業を強くしておかなければならない。予算がどう使われているのか、消費者によく分るようにしてもらいたい」と、真剣に訴えるのでありました。消費者団体のそういった意見は、新基本法（食料・農業・農村基本法）制定の際の党本部でのヒアリングにおいても明確に示されておりました。

消費者団体は、主婦連合会を始め地域婦人団体連絡協議会、消費者科学連合会、日本生活協同組合連合会などがあり、そうした消費者団体の農業に対する運動は、昭和三〇（一九五五）年に起こった消費者米価値上げ反対運動から安い輸入農産物を求める運動につながり、ウルグアイラウンドが妥結した頃にピークを迎えたと考えられます。しかし、平成五（一九九三）年にコメの大凶作が発生し、二九五万トンもの大量の緊急輸入米が国内に出回ったことから、「食料安保」の意識が急速に広がったものと思います。それが、ＢＳＥや中国産野菜の残留農薬問題で一気に高まったのでしょう。今日、東京・大阪・京都等の大都市で、米飯学校給食は小学校で週に三～四回、多い所では毎日という学校も現れました。京都市の小学校では週四回、しかも玄米、白米、麦ご飯、胚芽米と日替わりで実施しているとも聞いております。児童のお母さんたちの米飯給食に対する意識が変わった結果ではないでしょうか。いずれにしても、ここ三〇年で、消費者の食に対する意識が大きく変わったことを指摘したいと思います。

▼農業団体の変化▲

生産者団体による農民運動もまた変化してきました。自民党と社会党のいわゆる「五五年体制」が確立されて、平成七（一九九六）年に社会党が社会民主党に党名を変更するまでの間、自社の二大政党時代が継続してきました。私が自民党に入った昭和四五（一九七〇）年の頃には、農協は自民党支持、全日本農民組合連合会（全日農）は社会党・共産党支持でした。農業基本法を制定する時も、社会党系の人たちは、土地の所有に関して「共同的保有」といった旧ソ連を見習ったような社会主義的な法案を提出して政府案に反対しました。

一方、米価運動では、農協が東京日比谷の野外音楽堂や日本武道館で一万人規模の集会を開けば、かたや全日農は米価審議会の会場となっていた千鳥ヶ淵の農林省三番町の分庁舎の中庭に陣取って、「青空集会」の名の下に米価審議会に出席する歴代の農林大臣を呼んで吊し上げ、米審会場に入れないようにするなどの騒ぎを起こすのが普通となっていました。

農業団体の米価運動に関してコメントすべき点は、食管法の三条二項に生産者米価の算定方式が書かれてあり、「政令の定めに従って生産費および物価その他の経済事情を考慮に入れ、米穀の再生産を確保することを旨として定める」と、明記されていたことです。これを根拠に、政府（食糧庁）の試算米価とは別に、農協組織は毎年、全中が独自の要求米価を算出して、政府・与党に実現を迫っていたのです。この食管法の定めが、生産者米価を政治米価にしてしまったという本質的な事情があったのです。食糧庁が米価を抑えようと、「平均生産費方式」や「必要量平均生産費方式」といった異なる算定方式を毎年のように提案するものですから、その方式や算定要素の取り方を巡って、農業団体は政府・与党を相手に四つ相撲を展開するのでした。その生産者米価は、最終的には農林三役（総合農政調査会長、農林部会長、米価委員長）が決定の一任を受けて、政府・内閣官房長官と交渉を行い決めるというのが慣例になっていました。米価には農林省のほか経済企画庁（消費者対策）、大蔵大臣（財政）が絡んでいるため、内閣官房長官が時の総理の意向を受けて責任大臣になっていたのでした。昭和四二年には、生産者米価を上げる要素が見つからなかったため、田んぼの中に移動便所を設置した場合の費用まで擬制計算して引き上げを検討したこともあったようです。

しかしながら、基本米価の引き上げが困難になってくると、今度は関連対策として「良質米奨励金」などによって実質引き上げを図るように戦術を転換してきました。その関連対策での米価維持さえも困難になってくると、今度は「引き下げ幅の調整」で政府・与党を突き上げる戦術に転換する。その繰り返しがマスコミに取り上げられ、年間最大の行事として繰り返されたのです。従って、生産者米価に関しては、全中が「要求米価」を組織決定して、その実現に向かって突き進んだ政策要請運動だったのです。全日農の場合も毎年、全中以上の引き上げ幅を要求に掲げて、運動を展開していました。ところが、米価運動も、ウルグアイラウンドの妥結とコメの関税化とともに幕を閉じることになりました。これに伴い、農業団体はWTO農業交渉への対応と一体となった「新たなコメ政策」の確立や「畜産酪農危機突破集会」などへ看板を代えて運動を展開するのでした。とりわけ全中は消費者との連携を模索しました。今日でも、JAグループが生協や消費者団体と集会をともにするのは、そうした背景があったからです。

一方、消費者団体でも地産地消や食の安全・安心を重視する兆しを見せていたため、生産者団体との連携が出来上がったのだと見られます。この傾向は、今後もますます強まるでしょう。

▼民主党農政と自民の政権復帰▲

民主党政権は、三年三か月で終わりました。農政の面では、「農業戸別所得補償制度」や「六次産業化」などを導入し、今日、安倍政権に受け継がれている施策もありますが、総じてバラマキ的な政策で終わってしまいました。自民党の安倍政権になって、新たに「攻めの農政」の下、一〇か年農業・農村所得倍増戦略が打ち出されました。農村では高齢化の進行、耕作放棄地の拡大、鳥獣被害の増大、限界集落の拡大など、看過できない事態が浸透しています。痛みの大きくなっている農業・農村をどう再活性化させ、未来に輝く地域社会と成り得るかが重要な課題だといえます。

安倍政権の成長戦略は、農業の構造改革に加えて輸出という新しい目標を掲げて、政府・与党・団体が一体となって取り組む必要性を訴えているような気がします。このため、「農林水産業・地域の活力創造本部」を昨年より立ち上げ、この六月には「活力創造プラン」を閣議で決定いたしました。一〇か年所得倍増戦略をアベノミクスで着実に進めていくためにも、必要な予算をきちっと獲得して、輸出を二〇二〇年までに一兆円、二〇三〇年までに五兆円という目標の実現を図らなければなりません。

また、農地中間管理機構を核にして、今後一〇年間で担い手に全農地の八割を集積させ、新規就農者を倍増させて、一〇年後には四〇代以下の農業従事者を四〇万人確保し、さらに法人経営体を五万に増加させるなど、そうした目標を現実のものとして行っていくことが大事です。

そこまで、数値を明示して国民に約束しているのですから、もはや政府・与党のマニフェストと言ってもよいのではないでしょうか。また品目横断的な経営所得安定対策として、諸外国との生産条件格差を是正するための支援や収入変動の影響を緩和するための支援などを着実に実施しながら、収入保険制度導入への道筋や日本型直接支払いの充実等が重要な政策課題と思います。

一方、ＴＰＰでは早期妥結を目指して交渉が進んでいます。安倍政権は、自民党や国会（衆参農水委員会）での決議を踏まえて、重要五品目（コメ、小麦、牛肉・豚肉、乳製品、砂糖）の国益をいかに守っていくかが問われています。ＴＰＰの決着いかんによっては、前述の一〇か年戦略に大きな狂いが生じることは避けられません。いずれにしても、従来の守りの農政から攻めの農政へと戦略を掲げたのは、農業基本法制定以来の画期的なことと言えます。従って、自民党はこれをやり抜くために全力を投入しているというのが現在の状況です。

（よしだ　おさむ）

〈質　疑〉

――前回研究会ではＪＡをテーマに行われ、農林族や自民党とＪＡの関係が転換期にきているのではないかと感じましたが、どうでしょうか。

吉田　農民運動の原点は何かと考えますと、企業の労働組合とは異なり、生活の拠り所である農業が地域を守る運動として発展してきたのだと思います。ですから江戸時代の農民一揆は、その運動の典型ではないでしょうか。「一人は万人のために、万人は一人のために」という表現に農協の精神が託されていると私は理解しております。農協運動は全中の活動の歴史そのものであり、年間を通して米麦、畜産、畑作物等の価格対策、税制問題、経営対策による所得対策、さらにＴＰＰや都市農業、原発事故対応など、広汎な活動を行っています。

全中が担わなければどこの団体が出来るのでしょうか。経済活動は全農で出来るでしょうが、全農には株式会社化の問題もあります。県を跨ぐ広域調整を行う役割、また単協からの要望を政策提言にまとめるという役割、そうした役割をＪＡグループがどうこなしていくかが問われているのだと思います。

――例えば攻めの農業に関する政策など、安倍総理の諮問機関で決められていることが多く、農林系の議員の発言が弱くなっている印象を持っているのですが。

吉田　衆議院が、中選挙区制から小選挙区制になり、その影響で、いわゆる族議員、農林専門議員が減ったのだと思います。小選挙区制では、議員たちは農政だけではなくてオールマイティでなくてはなりません。農政は、教育、建設、厚生など多くある問題の中の一つに過ぎません。中選挙区制では、複数議席の中で仕分けが出来、国会議員は得意分野に力を入れることが出来ました。また、例えば東北ブロックでは二五の小選挙区がありますが、東京も二五です。一票の格差を是正しようと突き詰めれば、東北はもっと少なくなるでしょう。東北のみならず、地方では現状の議席数を守ることだけでも大変になります。そうなると、地方の国会議員も農政に活動を絞るということが出来なくなるだけではなく、農村出身の議員がますます減っていきます。そういう意味では、一〇年、二〇年前の自民党の国会議員の構造と比べると、農政活動が少なくなっているとは感じられるのではないでしょうか。

――かつて農業団体は政治の面で自民党を支えてもきたが、最近、安倍総理になって色々出された問題提起を見ると、今までの農業団体や農民との付き合いを踏まえずに、施策を強引に進めようとしているのではなかと。

吉田　安倍政権は、当然、そのようなご意見を踏まえて、しっかりやっていかなければならないと思っております。

――長年ともに農政を担ってき全中や全国農業会議所といった農業関連団体が大きく変わるということについて、どうお考えでしょうか。

吉田　自民党がまとめた農協の改革案では、改革の目的を農業・農村の発展として、特に担い手から見て所得向上に向けた経済活動を積極的に行える組織になること、そして高齢化・過疎化が進む農村社会において必要なサービスが適切に提供できるようにすること、さらに農業者が自主的に設立する協同組織という農協の原点を踏まえ、それを徹底すること、こうしたことを基本として改革を進めるとしています。

一方、全中には、セントラル・ユニオンとしての役割には大きなものがあります。コメの生産調整数量の消化、経営安定対策における負担の国との分担、地域協議会での取り組みなど、全中がその指導機能をしっかり果たしている部分がまだまだ多いと思います。農産物価格決定への関わりが減ってきている中で、自由化問題への運動が目立ってきていると思われているのではないでしょうか。しかしながら、ＴＰＰはかってなかったほど日本農業に影響を及ぼす貿易交渉になると受け止めております。そういう中、生産現場では、「人・農地プラン」などの課題に直面しており、全中の取り組みがきめ細かく変化していることも事実です。さらに、五年後にはコメの生産調整の見直しが行われことから、全中の今後の改革方向と政府・与党の作業内容に注目が集まっています。

農業会議所についても、農業委員会の改革とともに県の農業会議のあり方、全国農業会議所のあり方について、今後の政府・与党の作業に注目していきたいと思います。特に農業委員の方々は、自分たちが生産者の代表であるという誇りと意識が強い方々です。生産者から見れば、信頼の出来る農業委員がいかに担保されるかが重要なポイントであると思われます。

――例えば消費税の軽減税率の問題など、自民党農政の中で消費者の目線での議論は行われているのでしょうか。

吉田　基本的には、農林部会を含めて各部会が一緒になって、自民党の税制調査会を中心に議論すべきです。生産者側からも、消費者側からも見て、検討しなければならない問題だと思います。ただし、農林部会としての強い意思決定はまだしてはいません。

――長崎県諫早湾干拓の問題は自民党の農政の中ではどんな位置づけできているのでしょうか。

吉田　長崎県諫早湾の干拓については、よく記憶しています。干拓について申し上げると、干拓の計画のみが出来上がっていたのが島根県の中海です。古くは秋田県の八郎潟があります。大潟村は昭和四二（一九六七）年から入植が始まり、一戸当たり一五㌶規模の当時では大規模な稲作が始まりました。しかし、すぐに生産調整が始まり、それをめぐってヤミ米問題も起こりました。裁判の結果、国は負けて和解しました。諫早湾の周辺農地の場合は、湾の潮の干満差が大きく、江戸時代から深刻な水害が頻発していました。そこで、防災干拓として工事が進められました。賛成派と反対派の所に行って防災干拓の必要性を説明してまいりましたが、漁業の問題も絡まって糸がもつれました。裁判になりましたが、非常に悩ましいことです。

国民の需要動向に応じた農業生産の再編成は、国の農政にとって重要な使命です。従って、タイミングを見て、政治は大きな決断を迫られることがあります。長い時間がかかっていることもあり、干拓の環境が変わってしまうことが原因と思います。新たな対応にしっかり取り組んでいく必要があると思います。

――一票の格差問題ですが、私の田舎の東北でも選挙区区割りや定数の変更が行われ、農林族の幹部議員でも落選してしまう状況があります。裁判所の判断はあるにしても、このままいくと、農村はどんどんダメになっていくのではないかという危機感を持っています。

こうした状況については、自民党の中ではどんな議論が出ていたのでしょうか。

吉田　確かに一票の格差は大きな政治論議を呼びました。農林議員の多くが離党して、新党の結成に動いたこともありました。戦後一時大選挙区制にしたこともあったようですが、中選挙区制を経て、小選挙区制に行き着いた訳です。一票の格差是正をどこまで追い求めていくのかを考えると、地域の生活というものを考慮すれば、一票の格差だけで機械的に定数是正することは間違いだろうと思っています。しかし、裁判の結果が出ていますので、国会はこれを是正する責任があります。これは、国民全体で考えていくべき問題だと思います。

（二〇一四・七・二八）

農政運動と日本共産党の農業政策

日本共産党参議院議員　紙　智　子

私は、二〇〇一年参議院選挙で初めて国会に送っていただき三期目です。当選当初から農林水産委員会に所属し、また、沖縄・北方特別委員会や東日本大震災復興特別委員会にも所属して活動をしております。党では、農林漁民局長を務めさせていただいております。出身は北海道の札幌市で、子どもの頃には実家は農家でした。コメ、畑作物、果樹を作り、家畜も飼っていました。

二〇〇一年は、その年の九月一〇日、日本で初めてBSEが発生しました。その翌日には、アメリカで同時多発テロが起きました。二日続けて衝撃的なニュースが流れてきて、非常に緊張しました。国会は閉会中でしたが、閉会中審査を求めて、二〇日に参議院で先に農水委員会が開かれました。この時が、私の国会での初質問でした。BSE発生の事態を知って、千葉県に調査に入りました。その年の農水委員会はBSE対応にかかりきりでした。その後毎年のように、食と農をめぐる様々な事件が相次いで起こることになりました。例えば、牛肉の偽装問題が〇二年に起こり、〇三年には、高病原性鳥インフルエンザが山口県で発生。さらにアメリカではＢＳＥが発生し、牛肉輸入が停止されました。〇八年には中国製ギョーザによる中毒事件が起こり、大きな問題になりました。口蹄疫の発生が一〇年ですし、その前には汚染米の不正流通問題もありました。このように一連の事件が起こった後、一一年に東日本大震災とそれに伴う原発事故による放射能被害が発生します。この間は絶えず問題への対応を行ってきました。

そうした問題を追及していく中で、その背景に必ず政治問題が浮き彫りになってきました。例えばＢＳＥ問題の場合は、異常プリオンによる牛の中枢神経の病気でしたが、羅病牛の肉骨粉が飼料として与えられていたことから伝染していました。イギリスではすでに発生が確認されていましたが、日本では等閑視していました。結局、ＷＨＯが世界に向けて、反芻動物に飼料として反芻動物由来の物を与えてはならないという勧告を出しました。しかし、日本ではこの勧告が出た時に、法的な手続をとらず行政指導で終わらせてしまいました。そうして、不使用が徹底されないまま肉骨粉が飼料として流通したままになってしまいました。なぜそうなったのかを追及していくと、大本には危機意識の欠如がありましたし、食の安全確保を最優先するのではなく業界の利益や効率を優先し、いかに生産を上げていくかということが追求されていたのではないかと思われました。酪農の現場でも、高タンパクの乳質を得るために、本来の牛の生態を無視した形の飼料であるにもかかわらず肉骨粉を与え続けていました。牛の飼養規模もどんどん大規模化し、一日当たりの搾乳も二回から三回に増えていました。まるで、乳牛を生産する機械のように扱っていたのではないかと思われました。そのような牛の飼い方が国会で議論になったほどでした。

また、グローバル化の下での物流の世界的な拡大が、農業や食料に影響を与えていると思われます。輸入の拡大によって、残留農薬や食品添加物のチェック体制が不足するようになってきていました。そのため、基準の緩和がたびたび行われました。国際価格の引き下げ競争が進む中で、企業モラルの低下という問題も起こってきました。そのことが生産現場にも大きな影響を与えてきたのだと思われます。

国の政策も大手企業の要求によって、行き過ぎた規制緩和があったのではないかと思います。その例として、二〇〇八年の非常に毒性の高いカビ毒に汚染された輸入米の問題があります。それは、ミニマムアクセス米として輸入されて来たもので、一方で国内生産されたコメもあるので、なんとか消化しないといけないということで、保管せずに、工業用として流通させたのです。それを業者が実際は食用に回していたのです。もちろん、不正を行った業者自身の責任は重大ですが、同時に、業者にそうした隙を与えた政府の対応の甘さが問題になりました。その時は、杜撰な検査の実態も明らかになりました。こういった事件を見ても、突き詰めていくと、国民の食の安全よりも企業の儲けに重きを置くという姿勢が見えてきます。なぜこのような事件が起きたのかを検証すると、〇三年の主要食糧法の改正でコメの販売を登録制から届出制に変更したことがありました。届出さえ出せば誰でも米穀の出荷・販売できることになり、その結果、色々な業者が参入できるようになっていた訳です。行き過ぎた規制緩和への反省が求められた事件でありました。このように、特にこの時期、こうした出来事を通じて、食の安全・安心についての議論が繰り返されました。

こういった経緯を見ると、食料・農業のあり方をめぐって、大きく二つの流れが感じ取れます。その一つは、業界や多国籍企業などの利潤の追求のために規制緩和が要求され、国民の安全よりも企業等の利益が優先されるという、利潤最優先の流れです。その一方、もう一つの流れは、国際社会全体で見ると飢餓で苦しむ人が大勢いることから、そういった飢餓人口を減らして自国民の食料を確保するために各国が自ら食料を増産して持続可能な食料・農業政策を追究していこうという流れです。わが党としては、後者の流れが非常に大事だと考えております。

食と農のあるべき姿に向き合う議論を

今年は国際家族農業年、一昨年は国際協同組合年で、来年は国際土壌年です。国連がこうした決議をしている背景には、新自由主義的な政策への反省とその見直しということがあるのではないかと思われます。WTO協定以降、市場競争の下、効率的な経営が重視され、非効率な経営は淘汰されていくことになりました。しかし、そういった市場原理モデルにあっては、世界的に農業の大規模化が推進され、規制緩和も推進することになります。それが格差の拡大につながっていきます。

現在の飢餓人口は、八億五〇〇〇万人と言われています。現状の市場原理モデルというものを継続していけば、飢餓人口の根絶はとても出来ませんし、食料の安定的な供給や安全性の確保も出来ません。市場原理のみの下では、環境問題との関わりを考えても、持続的な農業の継続は難しくなってきます。国連では、ミレニアム開発目標として二〇一五年までに飢餓人口を半減させようと呼びかけてきましたが、それを達成できないのではないかという危機感が拡がって、そうした新自由主義のあり方が議論されてきたのではないかと考えます。そのように飢餓人口の解消に向けた議論と同時に、持続可能な農業のあり方として、家族農業の有する自然的、文化的、社会的な様々な価値というものを、もう一度きちんと確認しようではないかということになったのだと思います。

そうした問題について、安倍総理に質問しましたが、特に国際家族農業年への対応は予算的な措置を全くしていなかったということもあり、その意識の低さは残念に思いました。

農業政策が世界の中でどういう変化を見せているかと言いますと、例えばイギリスやデンマークでは、規模拡大を進めてきた結果、乳価が半分以下に下がってきていると言われています。従って、中小規模の酪農家は廃業に追い込まれてきています。そこで、過剰生産を防いで、環境にやさしい農業の展開に向け、政策の転換が図られます。農協を含む生産者組織の重要性が中小家族経営を支える意味でも認識されるようになったのです。ドイツの家族経営も現状では四〇万程度に減ってきており、その半分は兼業農家です。その兼業農家の中には、電力等のエネルギー事業を手がけている農家もあり、その意味では農村地域を支える重要な人たちです。そのように、家族経営をこれ以上減らしてはいけないという議論が起こっています。

日本共産党では綱領の中に農業も位置づけられています。そこには「国民生活の安全の確保および国内資源の有効な活用の見地から、食料自給率の向上を図る」としています。そして、「農業政策、エネルギー政策の根本的な転換を図る」として、「国の産業政策の中で、農業を基幹的な生産部門として位置づける」としています。農業や食料生産にとって、やはり多様な農業があって、多面的な機能を発揮することは重要です。従って、家族経営を中心にしながら、法人も個人もすべての担い手がその地域に定着をして、生活と営農を続けられる、そのために必要な政策を考えてきました。

その意味では、生産費を償える価格政策を主張してきましたし、農地問題に関しても額に汗して働く耕作者が権利を持って行なわれなければならないという農地法の考え方を尊重しています。自主的に働いた農民の労働に対する評価についても、他産業並みの水準にしていく必要があります。

一時的に政権交代はあったものの、主に自民党政権のもとで農政は行われてきました。その中で今、日本の農業は大きな危機に直面していると言えます。食料自給率で言うと、カロリーベースで四〇％を切っていますし、耕作放棄地は拡大の一途をたどっています。また、農業に携わる人たちは高齢化しています。農産物価格が暴落し、大規模で経営している農家でさえ、このままではやっていけないという状況であります。自民党は現在の農業の到達点について評価していますが、そこに反省は見られません。食料の輸入自由化路線が進められてきた中、国内の生産が縮小し、アメリカや日本の財界と大企業の要求のままに、国民の食料を際限なく海外に依存するという政策がとり続けられてきました。国内農業を市場原理にまかせ、農業保護を削減していき、大規模化を図っていくというやり方が、農家をどんどん窮地に追い込んできました。

農林水産業の割合がどんどん低下している

戦後の農政が大きく変わった転機が、一九六一年の農業基本法の制定だと思います。農業生産の選択的拡大の方向をとり、米麦から果樹や畜産への作目転換を進め、輸入飼料を国産飼料に代替させ、輸入飼料に強く依存していた畜産を拡大させる方向を示しました。その一方で、アメリカの余剰農産物を受け入れるようになってきました。そうした政策転換の背景には、前年の改定日米安保条約の発効があります。日米安保条約第二条に、日米の経済協力という文言が初めて入りました。このように、今日の日本農業の危機につながる転機として、農業基本法による選択的拡大という政策があったと言えると思います。小麦は、一九六〇年から七〇年にはその輸入が倍加しました。大豆は三倍になりました。自給率は逆に、小麦が三六％から九％に、大豆は二八％から四％に低下してしまいます。穀物自給率は、六〇年には八二％でしたが、一〇年間で三六％低下し、その結果、カロリーベースの食料自給率は、六〇年代には七九％だったのが一九％低下しました。その後も下がり続け、三八年間で三九％低下することになります。こうした状況になっているのは、発達した資本主義国で見ると日本だけではないかと思われます。

その後、日本において、マクドナルドやケンタッキー・フライドチキンなどの外資による外食産業が展開し始めました。そこで使用される食材は当然輸入されたものでした。一九八五年九月にはプラザ合意がなされました。当時、アメリカは双子の赤字を抱えて深刻な経済危機を迎えており、それを救うため日本政府も積極的に円高を容認しました。そうして日本は急速な円高時代を迎えます。八八年には牛肉・オレンジの輸入が自由化され、九五年にはＷＴＯ協定を受け入れてコメを含むすべての農産物の輸入自由化が始まります。こうして、輸入農産物がさらに増加していくことになります。

ＷＴＯ協定を受け入れて最も打撃を受けたのがコメであったと思います。それまでは輸入してこなかったコメが、この時にミニマムアクセス米としてその輸入を受け入れることになりました。当時日本政府は、協定上決して義務ではないのにまるで義務であるかのごとく国民に対して説明していました。ミニマムアクセスというのは、輸入する機会を提供することであって義務ではないのに、政府は国民を欺いて受け入れを決定しました。ミニマムアクセス米は、毎年増やしていくのですが、最終的に約七七万トン全量の輸入が行われることになりました。そのため、九五年ではコメの自給率は一〇三％だったものが、九五％に低下しました。それに伴って、九四年にはコメの全量管理を行ってきた食糧管理制度が廃止され、コメの価格や流通は市場原理に委ねていく方向が打ち出されました。新食糧法の施行です。こうして市場原理下にある米価は、その後下落の一途をたどることになります。稲作農家にとっては大きな打撃となりました。

日本の農業関係予算の推移を見ると、一九八〇年から二〇一四年の間に、一般歳出総額に占める農林水産関連の予算比率は、八〇年には一一・七％であったものが、二〇一四年には四・一％に低下しています。予算から見ても、全体に占める農林水産業の割合がどんどん低下してきた実態が見えてきます。農林水産予算のピークである三兆七〇〇〇億円から二兆数千億円まで下がってきています。

農業所得の総額の推移を見ると、アメリカやEUは増える傾向にあるのですが、日本はこの二〇年間で半分近くに下がってきていることが分ります。このことについて、今年三月、農水大臣に質問しましたが、その時の林大臣の答弁では、「国内農業が縮小している中で、日本は社会保障費が増大してきているため、限られた国の財政の中で農林水産予算も削減せざるを得ない」という認識でした。食料自給率については、食のあり方についての議論もありますが、国内生産が縮小して食料自給率が低下しているということは、国の政策に負うところも多いと指摘せざるをえません。

農業は国民の生命を支える食料を安定的に安全に供給する土台をなすものであり、生命を維持するために欠かせない産業です。同時に、国土・環境の保全や地域コミュニティの形成、地域文化の継承にとってかけがえのない役割も果たしています。農業が果たしている多面的な役割は、日本学術会議の試算にあるように、年間の農業生産額に匹敵する八兆二〇〇〇億円にも相当すると言われます。そう考えると、そうした機能を支える人びとがその地域で住み続けて、仕事を続けていけるような政策を打ち出すことが大事であると考えます。

そうした立場に立って、日本共産党は二〇〇八年、改訂した農業再生プランを発表いたしました。それから六年経っておりますが、農業の危機的事態はむしろ一層深刻になってきていると思われます。プランでは、四つの基本方向を提示していますが、それらは今日ますます切実さを増してきているると考えております。

目下の解決すべき深刻な問題は、米価の下落です。識者の間でも、これ以上市場に任せていていいのかという心配の声が上がっているくらいです。今年のコメは、前年の同時期に比べ概算金で二〇〇〇円～三〇〇〇円も下回っています。今、稲刈りの時期ですが、それにもかかわらず、農業者の皆さんが農水省に来て、このままではコメ作りで飯が食えないと交渉を迫りました。自民党は、生産調整（減反政策）を止めると言っていますが、それによってコメが余った時にどうするのかと言うと、何も手を打たず、市場に任せるというスタンスです。やはり、再生産を保障する政策への転換が求められていると思います。

また、共産党の提言の中では、食料をめぐる国際情勢が今の日本の農政の転換を求めている、とも言っています。九月一六日に、ＦＡＯ（国際食糧農業機関）が年次報告を発表しましたが、世界の飢餓人口は八億五〇〇〇万人で、世界の総人口の九人に一人が飢えに苦しんでいるということです。二〇一五年までに飢餓人口を半分にするというミレニアム開発の目標を達成するには適切で迅速な措置が必要だと訴えています。そういう国際社会の要請に応える上でも、日本では自国の食料自給率を高めていくことが必要であると思っております。食料自給率向上を国政の重要な柱に据え、当面は五〇％への回復を最優先にして、そのために政府が責任をもって具体策を中長期の規模で計画を持つべきです。

価格保障制度を基本に所得補償制度を組み合せ

そのために四つの柱をもって提言をしています。第一は、持続可能な農業経営の実現を目指すことです。価格保障制度、所得補償制度を抜本的に充実させることが重要です。農業を再生させようとする時に一番必要なことは、農業経営が安定して持続できることです。その条件を保障することが大事なことです。ところが、現実には生産者価格は下がり燃料費や飼料費が高騰したりして、経営は悪化の一途をたどっています。その打開策の中心には、生産コストがカバー出来る農産物の価格保障の制度が必要であると考えます。農産物の販売価格を一定の水準で維持する価格保障ですので、販売量が増えればそれに伴って収入増に結びつきます。

これは、農家の生産意欲を高める上で、非常に効果があります。かつてのイギリスでは四〇数％まで食料自給率が下がりましたが、こうした価格保障の仕組みを取り入れて、自給率を回復・向上させています。従って、今の日本でこそ、そうした政策を行うべきです。

そうした価格保障制度に加えて、それを補っていく所得補償も大事です。この所得補償は、農産物の生産量や販売量に関わりなく、農地、家畜などを単位に一定の基準で農家の所得を直接補償する仕組みです。国土や環境を保全することや農業の多面的機能の役割を維持することなど、条件不利地域の営農の保障、また食の安全・安心、環境に配慮した有機農業に取り組んでいる所に対して、実施していくことです。そのように、価格保障制度を基本にしながら所得補償制度を適切に組み合わせて行っていくことが必要だと考えています。

ＷＴＯ協定では価格支持制度を認めていませんが、諸外国では実質的に価格支持を行っている政策が行われています。アメリカでは、主な農産物には不足払い制度で生産コストを保障しています。同様に、各国のそれぞれの条件に応じて、価格保障が行われているのが実情です。従って、日本でも取り入れるべきだと考えます。

第二の柱は、家族経営を維持すると同時に、大規模経営を含む担い手を育成して、農地の保全を図ることです。多様な家族経営を維持・発展させることが大事で、規模の大小にかかわらず、担い手を支援していくことが大事です。新規就農者の参入や定着を支援していくことも大事です。新規就農者には毎月一五万円を三年間支払うという就農者支援制度を確立する必要があるということを提起しています。この提言は、全面的ではありませんが国の政策にも部分的には反映されています。

日本の農政では、大規模化が一貫して進められてきました。しかし、大規模化一辺倒による政策は矛盾をきたし、限界に来ていると痛感します。先般、酪農の調査で、北海道の道東地域を見ましたが、飼養規模が一〇〇〇頭を超える規模のメガファームもありますが、規模拡大路線によって経営が追い込まれている場合も少なくないようです。必ずしも規模を拡大すれば、それに応じて利益が増えていく訳ではなく、一定の規模を超えたら逆に利益率は下がってくることが明らかになってきました。

また、多頭飼育によって、疾病の発生など事故が多発するようになります。さらに、家畜排せつ物法に現場の糞尿処理が追いついてないということがあります。かつての規模であれば、経営草地への散布など自家処理できたものが、大規模飼育になると、とても間に合わない状況です。もちろん多頭飼育による農家の苦労も大変なものです。年間二〇〇戸を超える離農という現状があります。そのように規模の拡大にともなう色々な矛盾が出てきていることから、見直しが必要です。

第三の柱は、関税などの国境措置を維持・強化することです。現在、ＴＰＰに関する議論の中では関税を撤廃する方向で進んでいます。しかし、一定の国境措置としての関税は維持すべきだと考えます。食料主権を保障できる貿易ルールを追究していく必要があると思います。もちろんこれは日本のみでは出来ないことなので、国際社会の中で話し合っていかなければいけないことだと思います。国連人権委員会でもこうしたことが議論されていて、食料主権については、各国は輸出のためではなく自国民のための食料生産を最優先し、実効ある輸入規制や価格保障などの食料・農業政策について自主的に決定する権利を有するとしています。そうした方向を強めていくことが必要だと考えます。

同委員会の勧告は、二〇〇四年に国連において採択されていますが、その勧告とは、「各国政府に対し、食料に対する権利を尊重し、保護し、履行するように勧告する」というものです。さらに、「WTOのアンバランスと不公平に対し、緊急の対処が必要である」、そして「食料主権のビジョンが提起しているような農業と貿易に関する新たな代替モデルを検討すべきである」と言っています。このことは、国際社会の中でさらに議論していかなければならない問題であり、日本政府もそうした立場に立って行動すべきだと思います。

農業問題は農家の問題だけに狭めない

現在、地球規模で食料不足が大きな問題になっています。そのような時に、自国の農業を壊して自国民の食料を外国に委ねるような国にしていいものでしょうか。雇用の面で見ても、地域経済を破壊するような国にすることは、とても容認できません。昨年五月、日本共産党は、ＴＰＰをめぐる見解を新たに発表しました。

ＴＰＰは多国籍企業に都合のよいアメリカ主導のルールであり、それに日本が乗っていくことになります。アメリカの狙いは、対日輸出や投資の拡大を図ることによって、米国経済や雇用問題の解決につなげようということです。従って、それによって日本が利益を得られるかどうかは疑問であり、利益を得られるのはごく一部の多国籍化した大企業だけではないかと思います。日本の国民から見るとメリットはなく、むしろ失うもののほうが大きいのではないかと考えます。従って、日本共産党としては、あくまでもそこからの撤退を迫っていく立場をとっています。アメリカのオバマ大統領は中間選挙の後に交渉を進展させたいとしているらしいですが、安倍政権は早期妥結を目指して、水面下でも交渉を重ねてきており、ここ数日の動きにも注目されているところです。

ＴＰＰの交渉について政府は、日本国民や国会に対し全く情報を出さないで、秘密裏に交渉を続けています。日本共産党は一貫して、そのような進め方を問題にしてきましたが、政府の説明は表面的なもののみで、肝心の部分は説明されません。このようなことでは、国民は全く納得できないと思います。このような安倍政権の姿勢は、まさに亡国の政治だと言わざるをえません。

日豪ＥＰＡについても、国会においては以前から慎重に議論を続けてきていました。この協定を結ぶことによる影響を考えると、慎重にならざるをえません。しかし、ＴＰＰの議論が沸き起こる中で、日豪ＥＰＡがあっさり調印されてしまいました。日本政府は、セーフガードの発動などの条件と関税撤廃をセットにした仕組みをとりました。そうした、いわばごまかしによって、牛肉の関税を一〇年間で半減させたり、乳製品の輸入枠拡大など、オーストラリアの条件を飲んだ訳です。それによって、北海道は非常に大きな影響を受けることになります。北海道の酪農では、ほとんどが加工原料乳に向けられますから、乳価が安いことから、酪農家は雄牛を肉用にするなどの副収入によって、かろうじて経営を維持してきています。安い牛肉がオーストラリアから入ってくれば、そうした収入も減少しますし、酪農家は先行きを心配して、見切りをつけて経営から離脱するということが起こってきています。生産基盤そのものが縮小してきている中に、バター原料が足りなくなり、メーカー団体が輸入拡大を申請しているという事態です。こうした問題は北海道だけの問題ではなく、国民の食料基盤を揺るがす問題につながると思います。政府は、このＥＰＡの批准を今国会で行おうとすると思われます。

四つめの柱は、農業と消費者の共同を拡げて、「食の安全」と地域農業の再生を目指すことです。二〇一四年六月に安倍政権は新成長戦略を発表しましたが、その時の記者会見で、この成長戦略にはタブーも聖域もなく、岩盤のように固い規制や制度に果敢にチャレンジしてきた、と言いました。この岩盤を壊すということは、農業だけではなく医療や労働も含めての考えです。これは国民の目線から見るとどういうことになるのでしょうか。例えば医療の分野で見ると、株式会社の参入で安全性の観点で曖昧な診療が増えることが懸念されますし、労働の分野で見ると、これまで過労死などにつながる働き過ぎを無くそうという方向で規制を強めてきたのですが、これを外していこうということですので、これまで以上の長時間労働や過労死が増えていく可能性もあります。農業分野でも株式会社の農地所有の道が開かれようとしていますので、零細農家の経営は厳しくなり、地域が疲弊します。小規模経営だけではなく、大規模経営さえも厳しい状況に追い込まれることが考えられます。そうして結局は、全体として国民の負担が大きくなっていくことになります。

従って、それぞれの分野でこうした圧力を押し返さなければならないと思います。そのためにも国民的な反対運動を行っていかなければなりません。その際、農業問題は農家の問題だけに狭めないことが大事と思います。食料の確保の問題、地域社会の問題、環境の問題、そして再生産の保障の問題として、国のあり方について国民的な合意をつくっていく取り組みが大事であると思います。

その意味で注目できることの一つが、ここのところのＴＰＰへの取り組みに見られる共同の拡がりです。また、田園回帰を目指す地域の実践的な取り組みも注目されます。第三に、産直運動のように生産者と消費者の連係があります。ＴＰＰに反対する共同の取り組みとして、ＪＡや消費者団体、労働団体などがそれぞれ自分たちへの影響について考えることから運動が出発して、ある一致点で合流するというように、繋がりが出来てきています。こうした取り組みの姿を大事にして、今後も発展させていく必要があると思っております。

また現在、安倍内閣は地方創生を盛んに宣伝していますが、アベノミクスがうまく進まず、地方まで行き届いていないということから、地方に不満が高まり、それに対応して政策が打ち出されたものです。この五月に、増田元総務大臣が核になっている日本創生会議が、わが国将来の人口予測から見て市町村の消滅を大胆に発表しました。八九六市町村が二〇四〇年には消滅する可能性がある、という予測は大きな衝撃を与えました。報道によると、それをめぐる議論の中で地域を消滅させず存続させるための様々な意見が出され、地域創生関連の特別予算が設けるにあたっても、これまでのように各省庁による予算の奪い合いに終始するのではなく、住み慣れた地方で働いて安定した家庭を築ける社会が大事だとの指摘もあります。どうすれば、地域が消滅しないで存続していけるのかを、真剣に考えていかなければならないと思います。

農業と消費者の共同を拡大する

そのような中、中山間地域フォーラムが立ち上げられています。先日、創立八周年のシンポジウムが開かれました。そこでは、小規模な集落で移住者が増えている「田園回帰」の動きが報告されていました。そうした動きからも学ぶことがあると思います。紹介されていた島根県邑南町の例では、持続可能な町づくりを目指し、日本一の子育て村、A級グルメの町、徹底した移住者へのケアに力を入れてきました。子育てについては、医療費の無料化、第二子からの保育料の無料化、奨学金制度に取り組んでいます。新規就農支援、定住支援コーディネーターの配置などの取り組みに加え、A級グルメ戦略として食の企業化を目指して、農業研修を行う「耕す主婦」というプログラムをつくっています。さらに、ハーブ栽培と新たな販路の開拓に関わる「アグリ女子隊」など、様々な人材を活用して町づくりを進めてきています。そうした取り組みによって、移住者は平成二三年度から三年間で、八三世帯・一五四人にまでなり、児童の数も二一人増えました。

一方、先の日本創生会議はこの邑南町について、二〇四〇年には二〇〜三九歳の女性人口は六割減少して消滅に向かうという予測をしていました。現実には、同じ女性人口は一〇年に八〇一人が一四年には八一四人に増えており、予測は外れたことになります。従って、問われていたのは、社会のあり方であり、長続きさせたい暮らしであり、地域・社会を取り戻すということです。それには、一律的な特効薬がある訳ではなく、地域に応じたオーダーメイドとして、地域の中で議論しながら取り組んでいくことが必要です。そうした取り組みの努力に学んでいくことも大事なことだと思います。

産直運動は、農民と消費者がお互いの要求を知ること、現場の苦労や努力を知って信頼を高めることという意味からも非常に大事です。地産地消や食の安全を重視した地域づくりを実現するために、とても必要なことです。福島の原発事故による放射能汚染のため福島のコメが福島のブランドでは売れなくなってしまいました。しかし、それまで産直運動をやってきていた大阪の消費者が美味しい福島のコメを買い支えたいということで、風評被害克服のための検査を要請しました。福島県では全袋検査が実施されているのですが、さらに検査をしてデータを開示して買ってもらうという取り組みが行われました。そのように、生産現場での努力を消費者に理解してもらうことで生産を支える環境が出来ていくのだと思います。それは、食文化を育てていくことにもつながっていきます。これまで述べてきたように、様々な取り組みを含めて、農業の再生に向けた本格的な努力が必要になってきていると思っております。

（かみ　ともこ）

〈質　疑〉

——緻密な政策について話をいただきありがとうございました。日本共産党の場合、どのようなプロセスで党の政策を決定されるのでしょうか。

紙　日本共産党では政策委員会で議論します。そこには専門分野として、例えば私は農林水産分野ですが、その局で起案をし、政策委員会でさらに広範な角度から議論をして、たたき台をつくります。そして、それをさらに党中央の常任幹部会でも議論し、全国からの代表が集まる中央委員会においてさらに議論されます。そうして、色々な意見が反映されて固められ、三年に一回開かれる全国大会でも議論され、最終的に決定されます。綱領に盛り込まれる場合も、二万数千ある全国の組織・支部で議論され、上級に上がっていって、最終的には全国大会の場で決定されます。

――農業政策において自給率に農水省自体もあまり重きをおいていないのではないでしょうか。日本共産党は数値にこだわっているように見えますがいかがでしょうか。また、アベノミクス農政の象徴でもある農協の解体について、背景には、商社や量販店の利益優先、そして企業の農業参入ということとも密接な関係があると思いますが、いかがでしょうか。

紙　自給率の数値については国会でも議論になっています。目標を持ってそこに向かうことをしなければ、行動が定まらないと思います。当面の五〇％という数字は非現実的だと言われるかも知れませんが、現在の約四〇％から一％、二％上げるのはとても大変です。それを実行するためにどれだけの耕作面積増が必要か、また大豆や麦はどうして増やすのか、など具体的な目標を持たないと漠然とした掛け声だけになってしまいます。実は、民主党政権時にも、五〇％の目標を掲げています。そこでは、小麦を戦略作物として増産計画もつくっていました。数値目標は意味が無いという人もいますが、どうせ達成できないから曖昧にしておこうという姿勢はいけないと思います。やはり、数値目標は大事だと思います。

農協の解体に関しては、前国会で質問もしました。農水委員会で、「農協中央会の廃止や農業委員会の改革などに関した要求が説明会の場で具体的に出ているのか」と聞きましたが、「規制改革会議」に参画している副大臣は「出ませんでした」と答弁していました。そのように、農業の関係者からは一切そうした改革の話は出ていないのです。やはり、これまで農協が掴んでいた顧客層に入り込みたいという思惑を持った人たちから、そういう方向が打ち出されてきているのだと思います。しかし、それは日本の農業の持続可能な方向とは逆ではないかと考えます。その動きを何とか止めたいと思っております。

――安倍政権になってから農業を取り巻く環境は悪化の一途をたどっていると思われます。にもかかわらず、規制緩和につながる政策ばかり出てきています。この点について、国会議員の方たちは、どう認識されているのでしょうか。また、今度の臨時国会において、農業分野での主要なテーマはどんなことになるのでしょうか。

紙　民主党政権から自民党安倍政権に変わって、揺り戻しが起こっているようにも見えます。今年のダボスでの演説で安倍総理は、生産調整（減反）の廃止をし、外国からも企業が自由に参入し活動できるようにする、と本音を出しました。財界は農業に参入し利益を上げたいと思っており、それに応えていく方向で今の安倍政権は成長戦略などを位置づけています。ＴＰＰにはもともと、多国籍企業が世界に出て行って障害となる様々な措置を取り払うという思惑があります。安倍政権はＴＰＰを前提にして、それに対応していくために農業の構造改革として規制を取り払ってきています。日本農業の発展どころか破壊への道を進むものです。食料自給率ももっと低下していくでしょう。この問題は、農家だけではなく国民皆に関わる問題として、知らせていかなければならないと思います。

ＴＰＰが出てきた時には自民党は野党でした。その時は、共産党も自民党も一緒になって、二〇〇人を超える国会議員によってＴＰＰから即時撤退させる集まりが出来ました。それが自民党に政権が戻ったとたんに、「反対」を言わなくなりました。今の国会の多数は推進容認ですが、国会の外ではそれとは逆の思いもあるようです。今度の臨時国会にはＥＰＡが出てくるでしょう。ですから、国民にもっとその問題を知らせていかなければならないと考えております。それを批准させないことも含めてです。

また、地方創生も今度の目玉になっています。地方の疲弊を軽減し活性化をしていくのなら、やはり第一次産業をきちんと支えるのが先だと思います。米価がこれほど暴落している中で、どんな地方創生が実現できるのか。そうした問題が論戦になると思われます。

―― 農産物価格低迷の原因の一つとして、大手量販店を中心としたバイイングパワーが考えられると思いますが、どうお考えでしょうか。そうしたことがあるとすれば、そのチェックはどうなのでしょうか。

紙　大手量販店が農産物の価格を下げさせているのは、実感として分ります。先日、参議院の農水委員会では茨城県と千葉県に調査に行きました。そこでの話では、生産者の側で価格はつけられず、結局大手量販店で価格がつけられてしまうと言っていました。そうした仕組みが出来てしまっていて、流通そのものにも改善するべきところがあるようです。漁業も同様です。公正取引委員会の機能を働かせることもやっていかなければならないことです。

――日本農業のあり方について、国民的な合意を目指すと言いますが、どのようにして合意を形成していくのでしょうか。また、二〇〇戸という多くの酪農家が離農しているということですが、その背景とは何でしょうか。北海道には大学など酪農について研究している機関が多くありますが、そういった機関との繋がりはあるのでしょうか。

紙　国民的合意の形成には、様々な方法があると思います。日本共産党では、例えばシンポジウムを開いたり、色々な地域で関係者と懇談をする、地方議会で取り上げる、そして様々なレベルでの集会を開いています。いずれの規模もまだまだ小さいものですので、これからも知恵を絞って、合意に向けた運動を展開していきたいと考えております。そして、情報を正確に伝えるという意味では、マスコミの役割は大事です。特にＴＰＰの問題では、主要な新聞に若干偏った報道が目立ちましたが、それを変えていくことも必要だと思いました。ＮＧＯの方々とともに、国を跨いで情報を提供し合うということも考えております。

酪農家はずっと減り続けていまして、原因の一つが経営難であり、もう一つは後継者の不在です。経営の状況を考えると、自分の子どもには継がせられないと考える酪農家が多いと見られます。将来の展望が見通せないことから、離脱するということもあります。そこで、先を見通せるような対策が必要です。新規就農対策なども行われていますが、農家の子弟が後を継ぐ時の対策ももっと考えられなければならないでしょう。例えば、親の世代の負債と切り離して、子どもが経営を継承できるような仕組みがあってもいいように思います。将来を見通せるような具体策が必要です。北海道のように、二〇〇戸を超える離農の状況は異常としか言えません。そして、そのような離農状況が地域の疲弊につながっていきます。

大学等の研究機関との連携について申し上げますと、例えば道東に、大規模を追求するのではなく六〇頭や七〇頭の規模を適正として経営を展開している酪農グループがあります。それについて、経営状態を調査した酪農大学の研究者によると、小規模ではあるがむしろ大規模経営よりも利益率が高く、牛に何回も子どもを産ませて酷使しないので牛も長持ちするという結果が報告されています。大規模な経営から縮小するのは勇気の要ることですから、それを理解してもらうのにも、牧草の生産に関することも含めて、こうした研究機関による情報提供やアドバイスが有効です。

―― 低価格の食材調達、不正規労働に支えられている外食産業が象徴的ですが、食の問題は、貧困の問題を抜きにしては考えられません。一方で、所得補償政策が実施されることで市場価格は低下しました。こうした政策がとれるのはお金持ちの国ですので、その結果先進国では国内農業を保護して農産物輸出を促進することになります。結局、その影響を受けるのは、貧しい国の生産者ということになります。そうした意味では、私は所得補償政策には賛成できませんが、日本共産党では所得補償政策と価格保障政策との組合せについてはどうお考えなのでしょうか。また、スローガンとして良い政策を掲げるだけでは十分ではなく、国会外も含めて幅広い活動によって取り組む必要があると思います。農業や地域の問題では、場合によっては政党間において姿勢が極端に異なるということもないのではないでしょうか。その時に、党派を超えた協力体制がもっとあってもいいのではないでしょうか。

紙　コメを例にとると、現在の市場価格では明らかに生産者は赤字ですので、生産費を償えるように不足払いで補填することがまず必要です。また、他産業の所得とのバランスも見ていくことも必要です。それらを、不足払いで対応していくことになります。そして、所得補償については、条件不利地域での直接支払い、有機栽培など、地域や状況に応じて実施されます。あくまで基本は価格保障制度であって、それを所得補償制度で補完するという位置づけです。党派を超えた協力に関しては、その通りで、議員同士で考えが一致することは多くあります。しかし、法案などに関して対外的に立場を表明する時には、それぞれの党の決定に従うことになってしまいます。ＴＰＰに関しては、これまで超党派で取り組んできており、そのことによってそれぞれの党の中で影響を与えていくということもありました。

貧困問題に関しては、確かに生産費が償える価格で食料が買えない層が出てくるかも知れません。それは農業政策ではなくて、むしろ国民の生活向上に向けた経済対策を行っていく必要があると思います。

――戸別所得補償制度については、その是非はともかく、現場では期待が大きいものがありましたが、その政策の変化があまりにも激しく、現場も困惑しています。この政策については、どう総括されるのでしょうか。また、農地中間管理機構法案について産業競争力会議等の意見はあくまで参考にとどめるという附帯決議がなされ、評価されるのですが、その経緯はどういうものだったのでしょうか。

紙　不足払いを行うという点で、民主党の戸別所得補償政策に日本共産党は賛成しました。しかし、補填割合が少なく、また全国一律であった、という点などで不十分でした。それまで、自民党の下で行われてきた品目横断的政策はどちらかと言えば支援を絞ってきたものでしたので、確かに戸別所得補償政策によって経営が一息付けたのも事実です。そのようなことから、日本共産党としても賛成はしましたが、十分でない部分はきちんと指摘して提案もしてきました。

ご指摘された附帯決議については、どちらかと言えば、反対がある中でなんとか法案を通すための条件ということであって、本質的には問題があるから附帯決議をつけたのです。ですから、それでいいというものではありません。

――お話をうかがっていると、農政への提言やTPP対応、そしてJA改革への姿勢など、JAグループの主張とほとんど同じだと印象です。しかし、JAの農政連の推薦は受けていません。そこは何が問題となっているのでしょうか。

紙　二〇一二年の衆議院選挙の時に、初めて青森で農政連の推薦を受けています。また、日本共産党はお金のやりとりをしないので、そうした条件がある場合は推薦を受けることはありません。色々な所でお話をさせていただく機会が多いのですが、JAの関係者の皆さんはいつも日本共産党の農業政策には賛同してくださいます。

しかし、いざ選挙で日本共産党を支持するかどうかとなると、上部組織にかけなければなりませんので、しがらみもあって、なかなか具体的に指示するというところまでは行かないようです。また、有権者は、例えば農業政策といった一つの政策だけで判断するのではなく、広く経済政策、防衛政策など党の理念も見て判断しています。その意味では、どんな分野の施策でも納得してもらえるよう、また日本共産党とはどういう党かをまるごと理解していただけるような対話や宣伝の努力をさらにしていく必要があると思っております。

（二〇一四・九・一二）

農政運動と民主党の農業政策

元農林水産大臣　鹿　野　道　彦

本来、皆さんを前にしてお話するような立場にはございませんが、本日はお招きいただきありがとうございます。私は、農業というものは本当に大事なんだということを、これまで私なりに実践してきたつもりでございます。その経緯や経過についてお話をさせていただくことで、少しはご参考にしていただけるのではないかと考えております。よろしくお願いします。

「農は食をつくり　食は人をつくり　人は国をつくる」。これは民主党農政の基本です。そこで自民党農政との違いについて挙げてみますと、何と言っても、民主党農政の目玉は戸別所得補償制度です。これは、それまで民主党には農業政策がないと言われていましたが、平成一四年、当時の菅代表が新しい農業政策をつくるべきだとして、私に責任者として取りまとめて欲しいということになりました。そうして民主党の農業政策づくりが始まりました。皆さんご存じの篠原孝さんや山田正彦さん、小平忠正さんなどが集まって、なんとかまとめた政策の核が、この戸別所得補償制度です。

なぜ、この政策を民主党の政策として掲げたかと言うと、当時すでに高齢化が進んでおり、自民党の農業政策に展望がないという現実がありました。そこで、それまで自民党農政が依存してきた価格維持政策から所得補償政策に根本から変える必要がありました。価格は市場に任せますが、所得は国が介入して農業者を守ることへの転換が必要だと考えました。当時、先進国の中で所得補償政策を実施していないのは日本だけでした。その意味では、国際情勢も政策転換の後押しをしてくれたと言えるかもしれません。また、ＷＴＯにおいても、価格維持制度にはかなり批判的でした。

しかし、対象をどこにするか、言わばどこで線を引くかという問題はありました。それについて色々議論がなされ、最終的には、食料供給において国民生活に寄与しているということにポイントを置き、販売農家を対象とすることにしました。二百数十万戸の全農家のうちの一七〇万戸を対象にしました。よく、バラマキだと批判を受けましたが、決してそうではなく意味のある線引きをして対象を絞っている訳です。

戸別所得補償政策が出来る時のもう一つのポイントは、どのくらいの額を補償するかということでした。当時の山田農水副大臣は一万円としましたが、民主党内からは二万円という案が出ていました。結局、間をとって一万五〇〇〇円に落ち着いた形となりました。しかし、この戸別所得補償政策を導入したとたんに、米価が暴落しました。予算委員会や農水委員会、そして自民党の議員から大いに攻撃を受けました。実は、コメ余り状況の下、ＪＡも概算金を下げざるを得ない状況が背景にあったのですが、野党からは戸別所得補償を実施したから米価が下がったという宣伝が大きくされました。このような批判をどうかわすかを考え、一刻も早く交付金の交付を指示しました。そうして年内にほとんどの交付金が支払われると、奇妙なことに批判が下火になりました。さらに、年度内には変動分も交付すると、すっかり批判は影を潜めたようになりました。下手に批判をして交付金が無くなることになれば、議員の地元から逆に不満が出ますので、自民党からの所得補償制度への批判そのものは消えました。実は、これが自民党政治の実体をよく表していると思います。新聞の論説委員の方たちとも色々議論したのですが、相変わらず、専業農家をもっと厚遇すべきだという意識を持っていたようです。

しかし私は、日本の第二種兼業農家というのは、知恵の産物であると思っています。第二種兼業農家があるからこそ、日本の集落が長い間安定して存在してきた訳です。この知恵を否定する訳にはいきません。その上で、対象を販売農家に絞っているのです。しかし、多くの新聞の論調は、戸別所得補償制度に批判的でした。自民党は、その制度を壊してしまいました。その結果、米価はどうでしょうか。民主党が政策を導入した当時から比べて二〇〇〇円も下がっています。私から言わせれば、所得補償制度を止めたから米価が下がったのではないか。

民主党の所得補償制度に話は戻りますが、定額の部分は一万五〇〇〇円ですが、変動部分についてはナラシにしようということになりました。四分の一を農家が負担するという一種の保険です。そうすれば、定額部分と併せ講じることでかなり安定経営が出来ますので、法制化を目指しました。しかし、残念なことに自民党の強硬な反対にあって、法制化は実現しませんでした。もし法制化されていれば、米価の暴落にあっても安心して経営を継続できるようになったのです。

　民主党が政権を担った当時、日本の農業がどうなるのかということがメディアに盛んに取り上げられていました。高齢化、後継者難の中で、どうするかは政権与党としての民主党の大きな責任でもありました。そこで、一つの機関を立ち上げました。それが、食と農林水産業の再生を実現する会議です。それまでの自民党農政との違いは、「食と農林水産業の一体的な取り組み」に重点を置いたことです。「食と農林水産業」の一体的取り組みが初めて出来たのです。最初は、一〇年程度の期間で進めていこうと考えていましたが、農業者の平均年齢六〇歳を考えると、悠長なことは言っていられないという意見が多く出てきて、思い切って五年間で考えていくことにしました。五年後の農業の姿をつくり、その実現に向かって進んでいこうと決断いたしました。

　その時に最大の問題となったのが、土地利用型農業でした。よくオーストラリアやアメリカと比較されますが、そのような規模になるかどうかはともかく、五年後の土地利用型農業の姿を展望しないといけない。会議には、全中会長にも参加していただき、ともに議論をしました。その時に全中会長からある提案がされました。それは、平場においては二〇～三〇㌶、中山間地域においては一〇～

二〇㌶という経営規模の提案でした。結論として、五年後の姿として、それを目指すこととしました。そして、二三年度予算に導入した規模加算に加え、農地の出し手対策を具体的に予算化しました。

また、所得補償を制度化することによって、集落が中心となる営農や法人化を進めていきました。面積当たり一律単価で助成をする訳ですから、集落として、あるいは法人として生産性を高めれば、一人当たりの所得が増える。従って、規模拡大が進んでいくと確信しました。しかし現在、実質的に戸別所得補償は無くなりましたので、規模拡大がどう進んできているのかは判りません。いささか心配ではあります。

六次産業化は民主党政治の目玉だった

農業の六次産業化は、戸別所得補償制度とともに民主党農政の大きな目玉でした。地方の経済が疲弊してきている中、農業者が二次産業、三次産業にも取り組むことがどうしても不可欠ではないかと考え、そこで、民主党政権の時に法律をつくりました。その時に、自民党はこの六次産業化の法制化に対して、大いに抵抗しました。法律は「地域資源を活用した農林漁業者による新事業の創出等及び地域の農林水産物の利用促進に関する法律」という長い名称になりましたが、これは自民党がどうしても六次化という言葉を使うことに賛成しなかったからです。しかし、名称はどうなったにせよ、こうした法律をつくったことは良かったと思っています。自民党で今度、地域再生担当大臣になった人も、この六次化を進めていきたいと言っているように、民主党の政策にもかかわらずこの政策は肯定せざるを得ない現状があるということです。

もう一つは、この政策を進めるにあたって利用できるファンドをつくりました。農林漁業者が新たに事業を興すためには、やはり資金が必要です。しかし、それまでの地域の金融機関は、農業者の要望に対してそう簡単に融資は出来ません。そこで、国が何らかの形で関わることにして、三〇〇億円の出資は国が行えるようにしました。国が参加しているのだから、金融機関も安心して投資できるという安心感を与え、より積極的にこうした事業に参画できるようにしたのです。

さらに、女性の位置付けをよりはっきりさせたことです。先進国を見渡しても女性をきちんと位置付けていないような国はありません。私は平成元年に農林水産大臣を務めた時に、初めて「婦人」という名称が入った「婦人・生活課」をつくり、今回も「就農・女性課」を設置しました。六次産業化を進めていくには、女性の役割が大きいと考えております。そのために、女性を対象とした関連予算の優先枠を設けました。女性の方たちが、自分で作ったものを自分で加工して自分で販売する、という取り組みには思い切って融資も行い、様々な情報提供もしていきます。六次産業化にあたっての最大の課題は、販売ルートです。この部分が弱いために、これまでの取り組みはなかなかうまくいきませんでした。そこで、中小企業庁と連繋して取り組んでいくことにしました。

六次産業化に成功している取り組みを見ますと、その多くが女性によるものです。彼女たちの頑張りが、六次産業化を進めてきていると言えると思います。もともと六次産業化では、プランナーの設置を考えていた訳ですが、女性がプランナーになることを、色々な所でお願いしてきました。当時、五〇〇人くらいのプランナーが生まれ、その人たちがアドバイスをして、成功に結びつけるということをやってきました。

自民党は戦後政治に中で、地域社会の経済や生活を三つの方策で維持してきたと考えます。一つは農産物の価格支持制度であり、もう一つが公共事業、そしてもう一つが、大企業の関連会社工場による雇用です。しかし、ご承知のように、価格支持制度はWTOから大きな批判を受けて、制度の転換を求められる状況になってきています。公共事業も、その負担に地方自治体が耐えられないほどになってきていました。地域に雇用の場を提供していた大企業の関連工場もその立地が国外にシフトしていきました。そのような情勢の地域経済をどうするのか。民主党は、地域において自らが興すことを考えていくことを基本に置くことにしました。その考え方に立って生まれたのが、六次産業化の政策であった訳です。実は、こうした考え方で地方経済の再生に成功した例が、中国の重慶です。重慶市のトップであった薄煕来氏は、小さな企業をたくさんつくって、まず雇用を増やし、経済を飛躍的に活発化させました。六次産業化においても、三人、五人といった農業者を中心とした小さな企業がたくさん出来ることで、間違いなく地域内の経済活力が向上すると考えます。

この六次産業化をどう進めて行くかが、まさに日本の将来を左右する問題だと思います。地方自治体ももちろんですが、特に農協はもっと積極的に六次産業化に取り組んでいただきたいと思います。

安倍総理が今、盛んに女性の登用を言っていますが、すでに民主党政権の時に「女性が輝く社会をつくる」ということを発表しています。これは、改めて強調しておきたいと思います。

覚悟をもってすすめた新規就農対策

新規就農対策には、民主党でなければ出来なかった取り組みが盛り込まれていました。それまでの自民党農政では、融資と機械に対する助成だけでした。しかし、金融と機械導入に対する助成だけでは、就農の魅力は出てきません。やはり、生活の保障が必要です。五年後の農業経営を見通して具体的な経営規模の姿を打ち出した訳ですから、それを担う人材が必要です。そのためには、思い切った支援が必要です。そこで、具体的に資金を交付することにしました。同様の取り組みは、一年間だけの交付ですがすでにフランスで行われていました。そこで民主党では、二年間の準備期間も含めて年間一五〇万円を七年間交付することを決定しました。

これには、農林水産省内でも反対意見がありました。財務省の抵抗にも大きなものがありました。党の後押しもあって、覚悟を決めて実現にもっていきました。その結果、毎年二万人という目標には届きませんでしたが、二年間で一万人を超える新規就農がありました。この制度が無かったならば、もっと少なかったと思います。

再生可能エネルギーは、実は、もっと早くから取り組みをしてこなければならなかったと思います。東日本大震災以後、特に声高に取り組みの必要性が言われるようになってきました。民主党は二〇三〇年代までに、原発をゼロにするということを明確に目標に掲げました。その分のエネルギーをどうするかというと、天然ガスや石炭の化石燃料に依存する部分は多いですが、環境面を考えると、再生可能エネルギーを増やしていくことは不可欠なことです。

当初は、電力の買い取り価格が非常に低く、再生可能エネルギーによる発電がなかなか普及しませんでした。それを、菅総理の時に買取制度をつくりました。しかしその後、電力会社による買い取り中断や買取価格の引き下げなどがあり、再生可能エネルギーの利用は後ろ向きになってしまいました。政権当時、民主党農政においても、この再生可能エネルギー問題を検討しました。当時の国民生活で使う総電力量が約一兆キロワットでしたが、そのうち九%が水力発電、一%が再生可能エネルギーによるものと見られていました。当時、農林水産省としては、これを四三%にまで高められる可能性があると発表しました。その刺激的な数字については批判もありましたが、そういった再生可能エネルギーの可能性を支える資源の存在する所こそが農山漁村であり、それを充分活用していけば可能であるという意味で、われわれは誇りを持ってその数字を挙げた訳です。例えば、四〇万ヘクタールある耕作放棄地の内すでに農地としては利用困難な所を太陽光発電に利用できないかと検討した結果、一七万ヘクタールの利用可能地が判明しました。

さらに具体的に申し上げますと、地域にはたくさんため池がありますが、その法面を活用した太陽光発電も考えました。一メートル幅の用水路を活用した小水力発電の場合、四〇〇〇万円程度の費用で発電設備が可能で、大体一〇から一五軒分の電力が供給できると言います。しかし、用水路に関しては、国土交通省と農林水産省の間で意見の調整が進まず、なかなか実現しません。本当は、こうした場面でこそ政治力が発揮されるべきなのですが、今の自民党は原発再稼働を前提にしていますので、再生可能エネルギーの利用については非常に消極的と言わざるを得ません。

しかし、農林水産業との一体的取り組みで、こうした再生可能エネルギーへの取り組みはぜひ必要です。そのような分散型エネルギー資源の利用システムを構築していかなければ、将来への大きな禍根を残すことになると懸念しています。総需要電力量の四三%という驚くべき数値を農林水産省が提示したことは、そうした姿勢そのものが自治体や国民に理解されていくということであり、そうした理解の広がりが大事であると思います。一%でも二%でも確実に前に進めるということが、今、問われていると思います。

農産物の輸出も非常に大事なことです。民主党が政権を担った時には、総輸出額が約四〇〇〇億円でした。これを一兆円にしようという目標を打ち出しました。今、自民党が一兆円と言っていますが、すでに民主党が目標に挙げていた数値です。その目標を実現するには、輸出相手国に市場があることが大事になります。民主党は野党時代から輸出に関する勉強会を行ってきていましたが、そこではターゲットとして中国と香港が挙げられていました。特に、その地域の富裕層に焦点を絞っていくことが議論されていました。

その場合の問題は、それまでの輸出の取り組みが単発で行われていたことです。様々な輸出促進の動きもその時だけで、それぞれに連繋と継続性がないのが実情でした。その結果、輸出額がなかなか増えませんでした。そこで、民主党としては、輸出への積極的な取り組みには、それが軌道に乗るまでは国が全面的にバックアップしていく必要があると考えました。さらに、国内の産地ごとのバラバラな売り込み方ではなく、例えば県ごとに統一的にブランドをつくるなど、輸出先の人にもわかりやすいような売り込み方を考えて行くようにしました。残念ながら、こうした取り組みも途中で政権が変わってしまって頓挫してしまいましたが、最近いくつかの県が連繋して輸出促進に取り組むような動きを見せているようです。

実は、コメ一〇万トンをはじめとした他の食品輸出も含めた中国への輸出の話があったのですが、東日本大震災とそれに伴った原発事故のために、すべて白紙になってしまいました。特に原発事故によって、輸出の壁がたいへん高くなりました。その中で、香港は理解を示していただき、先方の貿易担当部局との定期的な会合開催が決まりました。今後、そのルートを活用して輸出を発展させていくことも可能であろうと期待されます。さらに、中国への輸出促進にあたって、ルートとして

マカオ市場を活用する方法もあるとのサジェスチョンもいただきました
そして、中国を市場として考える場合は、政治体制の違いもあり、国による確かな承認が大前提になりますので、民間に全てを任せるのではなくて、国もある程度バックアップしていく必要があろうかと思います。日本ではそうした体制の違いについてあまり深刻にイメージしませんが、今後色々な国・地域に輸出を展開しようとする時、相手国・地域の体制について慎重に検討し、それに適合した方策をとることが非常に重要なことになります。

民主党からＴＰＰ参加の意思表示はない

ＴＰＰについて、まず申し上げておきますが、民主党が交渉参加の意思表示を明確にしたことは一度もありません。菅総理の所信演説の時にＴＰＰを取り上げることになったのですが、当初「交渉参加を目指す」とあったのを「交渉参加を検討する」と変更した経緯がありました。しかし、党内や閣僚の一部には参加に前向きの論調も多く、東日本大震災の発生後の混乱はありましたが、ますます交渉参加表明への声が高まってきていました。それをどう押しとどめるかに苦慮しました。

次の野田総理は参加推進の立場でした。私は、ＴＰＰに関してはアメリカの市場拡大のためであって、日本の国民生活への影響が大きいと考えていました。さらに、外務省と経済産業省が極秘に進めてきていることもあって、どうしても承服できませんでした。そこで、色々な人が中に入って、

「交渉参加」ではなくて「交渉参加に向けて関係国と協議に入る」として収まった経緯があります。これは交渉参加を前提としないとの理解であると、国会を含め、様々な場で私から発信しました。

また、政調会長による二十四年の衆議院選挙の公約案には、当初、（TPP交渉参加を）「進める」とありましたが、最終的に「TPP交渉参加については政府が判断する」となりました。このように、民主党は一度も「交渉に参加する」とは言っていない。しかし、メディアも自民党も、「民主党が推進、自民党は反対」というふうに宣伝しました。その結果、当時「断固反対」を唱えていた自民党が交渉に参加することになりました。これに対して、メディアは何も指摘しませんでした。

当時は、省庁内においても、閣内においてもTPPに関する情報が開示されていませんでした。その他の分野、例えば自動車については、車検に代表される安全基準の引き下げや軽自動車への税軽減の撤廃などが要求されていましたが、そういった情報は閣僚でさえ知らされませんでした。そのように官僚の閉鎖的な世界の中で、それぞれがばらばらに動いており、気がついた時には危機的状況に陥っているという状態でした。現在の外交交渉は国民生活に直結していますので、国を挙げて一体的な取り組みをしていく必要があり、そのためには政治家が責任を持つことが大事だと思います。

日本の農業の現状、農産物の状況を考えると、TPPを含めて、色々な形で貿易交渉を展開していかなければならないと思います。特に、アメリカはたいへん厳しいことを要求してくる国ですので、日本は覚悟をもって対応していく必要があります。

私からは民主党の基本的な農政の根幹について、その考えをお話申し上げました。そこで、民主党農政と自民党農政の一番の違いは何かと聞かれたら、私はこうお答えします。自民党農政は中央集権であり農業者に対して中央政府が指示するという農政です。民主党農政は、農業者が判断をすることを重視し、様々なメニューを提示してそこから選ぶのは農業者であるという姿勢です。どちらが良いかは、国民の皆さんが判断することであると思っております。

（かの　みちひこ）

〈質　疑〉

――畜産農家に関してですが、今、山形の畜産はどのような問題に直面しているのでしょうか。飼料が高騰している中で、どう経営を乗り切っていこうとしているのでしょうか。

鹿野　基本的にブランドづくりが課題となっています。これまでは米沢牛が有名ですが、山形県では県全体として山形牛の売り込みに取り組んでいますし、個別には尾花沢牛にも力を入れています。それぞれの地域でブランドづくりを進めています。

いずれにしても、畜産農家の経営をめぐる状況は大変です。円安による飼料高騰に加えて、TPPで安い外国産が入って来る」となれば、極めて危機的な状況となるでしょう。TPP

の影響を農林水産省で試算したところ、国内の畜産農家の二〇％しか残らないという結果でした。その意味では、現在畜産農家は非常に不安な気持ちで取り組んでいると思います。したがって、後継者が意欲を失っていくのではないかという危惧を持っています。

――民主党政権下でも規制改革会議はありましたが、農協改革に見られる現在のような極端な意見は見られなかったように思います。農協改革の動きをどう見ていらっしゃるのでしょうか。また、農業団体に求められることというのは何でしょうか。

鹿野　民主党が政権を担っていた時にも、農協を改革すべきだという動きは相当ありました。その裏に選挙の恨みというものがあったのは事実でしょう。特に金融部門の分離については、かなり議論されていました。しかし、いきなり信用事業を分離するとなると、地域の農協への影響はあまりにも大きいと思われましたから、そこまでは踏み込みませんでした。

東日本大震災への対応から、中央会や全農の改革についてまで議論する余裕がなかったのも事実です。従って、農協改革についての具体的な方向性は発表しませんでした。

一方、東日本大震災の時に果たした農協の役割には非常に大きいものがありました。それは、率直に認めていいと思います。全中と県中というネットワークがあったからこそ、危機への対応が出来たのではないかと思います。その意味では、現在の自民党の改革によって一律的に中央会を整理してしまいますと、県によっては相当な影響を受ける所も出てくるのではないかという懸念があります。全中の改革についても、数値や実態についてもう少し検証が必要ではないかと思います。どうすれば、もっと農業者のためになる組織とすることが出来るかということがこれからの大きな課題であると思います。農協の本質と農協職員の意識が乖離してきている、ということは決して良いことではありません。六次産業化を進めるにあたっても、農協の役割にも大きな期待がかかります。自分の所だけが良ければいいという考えでは、農協の未来はないと思います。

――戸別所得補償制度の法制化が実現しなかった、最大の原因は何だったのでしょうか。財源の問題だったのでしょうか。

鹿野　財源の問題ではありませんでした。戸別所得補償の財源は、農林水産省内の予算約五〇〇〇億円で交付しました。法制化できなかった原因の一つは、自民党がどうしても民主党政権で認めたくなかったということです。戸別所得補償については、自民党議員も地元の強い要望があるので無視できない問題です。その法制化を民主党政権で実現するということがとても容認できなかったのでしょう。

もう一つの原因は、民主党内の事情です。政調と農林部門の間での連繋がうまく回っていかなかったことがあります。調整がうまく進まなかったことで、法制化のタイミングを失してしまいました。これは大きな反省点です。

――農協改革では、全農の株式会社化が取り沙汰されていますが、どうお考えでしょうか。また、TPPについてはどんな展望をお持ちでしょうか。

鹿野　全農の株式会社化については、具体的に株式会社にしたらどうなるのかが見えにくいというのが事実です。しかし、先ほどの中央会の場合と同様で、しっかり準備できている県はいいのですが、そうでない県などでは株式会社になった時に相当な混乱が生じ、かなりの格差が出ます。これまで、株式会社化を前提にして人材を確保してきた訳ではありませんから、現状では、株式会社でやっていくための人材に欠けていると思います。その意味でも、株式会社としての厳しい競争に打ち勝っていくための準備がまだ出来ていないと思います。市場競争に耐えうるそれ相当の準備期間が必要です。

また、個人的には、農業に成長産業としての位置づけは必要ですが、それはあくまでも六次産業化によって成長産業に結びつくのであって、農業そのものまで成長産業として組み入れることには賛成できません。何故かと言うと、農業そのものは生業であって、その考えにたった場合、市場原理とは距離を置いて見なければならないと思います。そう考えると、全農を株式会社化することが果たしてどうなのか、その検証が必要であろうと思っております。

TPPがどうなるかは、アメリカの中間選挙までは動かないので、その後の実績づくりに、大統領が強硬姿勢に出てくることはあり得ると思います。特に、アメリカの自動車産業と保険作業は大きな政治力を持っていますので、自動車と保険分野ではもっと強硬になるでしょう。農産物以外の分野で強硬な姿勢が出てきた時に、日本としてどう対応するかは大きな政治課題になってくると思います。

――民主党農政と自民党農政の違いについて、一言でご説明されましたが、もう少し詳しくお願い出来ますでしょうか。

鹿野　自民党農政は認定農家を設定して、その認定農家が農業を担う、という考え方です。しかし、認定農家だけでは、日本全体の農地は守れません。やはり、農業者自身の判断によって、法人化をしたり、個別経営での発展を目指しても、あるいは集落営農に参加して農地を貸すという選択をしてもいいのです。それまでの自民党農政のように経営の方向性まで指示するのではなく、あくまでも農業者自身が判断をしていくということです。

――昨年、自民党は生産調整の廃止を打ち出しましたが、どうお考えでしょうか。

鹿野　コメの生産調整を廃止して、飼料用米を作ろうということのようですが、その飼料米を誰が使うのでしょうか。民主党の時は、生産調整をして、飼料用米を生産する場合には需要を確保した上でそのための補償金を交付することにしました。理屈としては、減反廃止は素晴らしいことです。メディアも大賛成です。しかし、作っても余った飼料用米はどうなるのか、買い叩かれるだけです。そのように、具体的な展望が全く無いままに、言葉だけが踊っている。現実を踏まえないで、格好だけが良い農政は絶対長続きしないと確信しています。生産調整はある程度継続していかなければならないと考えます。

――戸別所得補償の狙いは米価維持から脱却して、生産者の所得を補償するという意味合いが強かったと思われますが、その意味では減反の廃止も共通する政策だと思いますが。

鹿野　減反の廃止は方向性としては理解できますが、コメの消費が激減している状況の下、土地利用型農業の経営規模を拡大していくことによって所得の安定を図ることをまず考えるべきです。それまでの間は、コメの生産調整は必要だと考えます。

――ジャーナリズムの視点からすると、民主党の農政は、非常に実験精神に満ちていたものだと思います。特に、価格支持政策から所得補償政策への転換が、それをよく表しています。そうした政策のための予算は公共事業を圧縮してその分を所得補償に回すという手法でした。納税者はその補償額の根拠を明確に求めたでしょうし、そうした農政は、納税者や有権者からしっかり支持を得られたのか、どう総括しておられるのでしょうか。

鹿野　民主党が今後、どのような農業政策を打ち出していくかについては、篠原孝氏が詳しいと思います。また、それまでの総括については、基本的には戸別所得補償政策は間違っていないと考えております。しかし、当時民主党政権は子ども手当や高校の無償化なども実施していましたので、バラマキという批判を一括して受けてしまいました。メディアからも徹底的に攻撃され、それらに対して当時の民主党は反論するだけの力がありませんでした。「バラマキ」という言葉によって、戸別所得補償の本来の意義が消えてしまったと私は思っております。そして、この制度が生産性向上を停滞させているとも言われましたが、それは逆です。規模を拡大すればするほど、一人当たりの所得は増える訳ですから、間違いなく生産性向上の推進につながるのです。そうしたことを丁寧に説明しても、なかなか理解を得られる状況にはありませんでした。

従って、これからも民主党は次の政権交代を目指す上でも、この政策を維持していきたいと期待しています。この政策を打ち出した時のように、説明を引き続き根気よくしていくことも大事ですし、特にその財源が農林水産予算の中から捻出したものだという点は、もっと強調するべきだと思っております。

冷静な政策判断をしていただければ良かったのでしょうが、前回の衆議院選挙の時は、それまでの自民党農政による公共事業が限界を見せているということより、バラマキそのものへの批判が大きく、具体的な政策の中身を評価していただけるような雰囲気にはなかったのではないかと思います。例えば、山形県では二年間で四〇〇億円が農家に交付されていますので、間違いなく農家の方たちの生活の安定に結びついています。それが、投票行動に結びついているかというと、必ずしもそういう訳ではありませんでした。自民党は、バラマキではなくもっといい政策をやってくれるだろうと期待したのでしょうが、現実は、コメの概算払いは当時より二〇〇〇円も下がっている状況です。これから、農家はもっと苦しむことになるのではないでしょうか。

―― 六次産業化の政策は、どう総括されているのでしょうか。また、自民党への政権交代によって、その政策にどのような変化が生じているのか、感想をお聞かせください。

鹿野 率直に申し上げて、農家の方たちへの六次産業化とはどういうことかという啓発・啓蒙が足りなかったと思っております。自治体が窓口を設けて積極的に対応すれば、もっと違ってきていたでしょうし、農林水産省自身の努力も足りなかったと思います。ボランタリー・プランナーの方たちをもっと活用して、色々な所に出掛けて話をしてもらうという取り組みの拡大が必要です。このままでは、なんとなく消えてしまうということになりかねません。六次産業化のファンドについても、もっと分りやすく説明・啓蒙が足りない。もう一度、農林水産省も経済産業省と強力な連繋をとって、現場に近い農政局が窓口になるくらいのことをやらなければならないと思います。もっともっと現場に出ることが、今、農林水産省に求められていることです。

自民党もこの六次産業化が地域活性の決め手だと言っていますので、大きな取り組み課題となっていることは間違いありません。ここでのポイントは、自治体の頑張りと農協の理解です。特に農協には、競争相手が増えるという考えは持たないでもらいたい。農業者の所得が上がれば農協の発展にもつながる訳です。

――再生可能エネルギーについてお聞きします。農家は自分の周りに資源がたくさんあるのにもかかわらず、電気、ガソリン、ガスなど中央に依存しているのが現実です。再生可能エネルギーの可能性として四三％という数値を言われましたが、このエネルギーの中でのバイオマスエネルギーの位置にはたいへん大きなものがあります。こうしたエネルギー利用には基礎研究が非常に大事です。民主党政権が続いていたならば、何年くらいでその目標を達成できたと見込まれたのでしょうか。

鹿野　当時、再生可能エネルギーの比率は一％でした。これを五年間で三％にすることを目標にしていました。こうした施策がある程度軌道に乗ってきますと、利用割合が伸びていきました。一％を三％にもっていくことが大事なところで、そこを五年間でやりたいというのが民主党の考えでした。四三％になるのが何年後かというのは打ち出せませんでしたが、ポテンシャルとしてはそこまでもっていくことができるということです。もちろん、政権が続いていれば、買取価格の維持や電力会社との交渉など様々な状況を整理して、再生可能エネルギーの割合向上に向けて、施策を進めていったと思います。

――農協と政治との関わりについてどうあるべきか。また現在、基本計画見直しの議論の中で食料自給率五〇％という数値や自給力という指標についてどうお考えでしょうか。

鹿野　自民党の森山さんが、農協は政治活動をやめるべきだとおっしゃったようですが、これは見識だと思います。私も、森山さんのお考えに賛成です。

自給率を上げるのは確かに大変なことです。しかし、政府が目標を五〇％から下げるということになれば、それはどういう影響を及ぼすかを考えるべきです。かつて、フランスのドゴール大統領は「自給率一〇〇％以下の国は真の独立国ではない」と言いました。この言葉に刺激を受けたイギリスが、当時、四〇％台の自給率を六〇％くらいまで上昇させたことを考えると、国家として食料の半分以上を国内生産するということは、独立国家として最低限の使命ではないかと思います。実現が難しいからと言って、目標値を下げてしまうのは問題があります。さらに、自給力というのはかなりいい加減な指標で、明確に説明できません。自給率が思うように上がらないことへの言い逃れに聞こえます。TPP議論の中でも、経済連携を進めることと自給率五〇％を両立させると言い続けてきました。経済連携をしながら自給率五〇％をどう実現していくのかという説明は難しいですが、それでも政府として自給率五〇％を実現・維持という覚悟を示すことが、対外的に国内的にも必要なことだと思っております。

――かつて、農協、自民党の農林族、役所という三者の強固な関係があったと言われますが、民主党政権になって、そして現在の自民党政権に代わって、三者の関係は変わったのか。

鹿野　今の自民党に農林族の大御所がいなくなったことの意味は大きいと思います。民主党が政権をとった時には、一四〇名ほどの新人がいて、この人たちは地域と密着していて、農林漁業に関して積極的に発言をしていました。そういう意味では、農林部門の会議に活力がありました。しかし、今はあまり発言しないようです。ＴＰＰを議論している時でも、安倍総理の言うままになってしまった。農林水産業自体の国政全体における位置づけが小さくなってきているということは否めません。かつて小泉総理の所信演説には農林水産業に関してはわずか一行半でした。それまでは、少なくとも一頁から二頁はありました。今日の自民党農政は、成長産業という名前の下、農業も巻き込んで、市場原理と経済効率主義によって問題を解決しようとしています。

また、農協は、相変わらず政治運動に関わることはもうやめたほうがいいと思います。これでは、国民の支持は得られません。自給率を五〇％にしていくためには、国民の理解がどうしても必要であり、そのためには農協も変わらなければなりません。偏った政治運動ではなく、農業者を守るという農協の原点に立ち戻るべきではないでしょうか。

（二〇一四・一〇・九）

ＪＡ　奥野新体制の課題

会員　合　瀬　宏　毅

任期途中で辞任したＪＡ全中、全国農業組合中央会の新たな会長に、奥野長衛氏が就任した。奥野長衛氏は六八歳、ＪＡ三重中央会の出身で、選挙ではＪＡの組織改革の必要性を強く訴えてきた改革派とされる。

就任会見でのポイントは三つあった。一つは厳しさを増す農業環境への対応。コメの価格下落やＴＰＰによる農業を巡る環境は大きく変化している。これに対応して、まずは農家所得の向上を目指すこととした。

そして、そのためには組織の見直しが必要だとし、グループ全体の頂点となっている全中が目詰まりを起こしていると指摘した上で、地域農協が自主性を持って活動できるように、その活動を支えるべき存在となるとした。さらには政治との付き合い方に対して、国政選挙の度に、ＪＡへの支援を約束させてきた、これまでのやり方を転換。政治活動はＪＡグループの政治団体である全国農政連に任せ、今後は農業政策の提言などに力を入れる考えを示した。

そしてこうした事を可能にするためには、徹底した議論と現場の声をきちんと受け止め、情報を共有する風通しの良い組織作りが欠かせないとし、「平成の改新」という言葉を使って、改革の決意を述べた。

平坦ではない改革の道のり

奥野氏の強い改革への姿勢の背景には、農協を巡る環境の厳しさがある。政府は今国会で改正農協法を改正させた。農協法ではまず、農業所得の増大に農協が最大限配慮することを明記。的確な事業活動で高い収益性を実現することを強く求めた。そしてそのために、農協の経営を行う理事について、過半数を大規模農家や、農産物販売などに経験のある人を充てるように規定した。そして全中の画一的な指導が、地域農協の自立を阻んでいるとして全中が持つ地域農協への指導や監査権限を廃止し、法律に基づかない新たな組織に移行すべきとしている。さらにグローバル市場における競争に対応するため、全農を株式会社化。専門性が問われる金融事業や保険事業は農林中央金庫や全共連に移管し、地域農協は本来の目的である地域農業の振興に力を入れるべきだとした。

全中の権限廃止が、地域農業の振興に繋がるかは別にして、組合員の半数以上が農家ではない准組合員であること。本業である経済事業が赤字で、経営の多くを信用や共済事業に依存していることを考えれば政府の主張は一定の説得力を持つ。

考えてみると、経済事業が赤字なのは、消費者のライフスタイルの変化や輸入農産物の増加に、農協が対応できなかったことが主な原因だ。ところが、地域農協を指導し、全体を統括する立場の全中は、原因に向き合うことよりは、多くの農家を纏める強力な政治力を背景に、政府から農業に対する支援を勝ち取ることで問題を解決しようとしてきた。今回会長に就任した奥野氏が、こうした圧力団体的な体質から脱却し、農家や地元住民と議論を重ねて、事業で信頼を取り戻したいとするのは歓迎できる。ただどうやって地域農業を立て直すかだ。

農協大会決議の実効性は

ＪＡでは今年一〇月、三年に一度の全国大会を行ない、中期計画ともいえる大会決議を予定している。創造的自己改革への挑戦と題した、今回の決議は、農家の所得増大と、そのための農業生産の拡大を看板に掲げる。

地域農協は付加価値の高い農産物の開発や、加工や外食用など新たな需要を開拓。また海外への輸出を行うことで売り上げを拡大。一方で、肥料や苗などの資材価格を引き下げ、新たな栽培方法などを開発してコストを削減、その結果、農家の所得増大を実現すると説明する。そのために農協ではこれまでのように画一的ではなく、大規模農家など経営規模ごとに戸別訪問を実施。職員を販売事業などに厚く、配置転換することを盛り込んでいる。そして全国六七九の地域農協がそれぞれ、具体的な取り組みについて、農業戦略を作るとしている。

政府から強く迫られたとは言え、農家の所得増大に強く踏み込んだことは評価できる。しかし、それがどこまで実現できるかだ。全てのＪＡが農業戦略を作るという計画は、実は前回の大会でも決まっていた。しかし具体的に販売事業を伸ばすための戦略を作ったのは五五％に過ぎなかった。

また実際に計画を作っても、結果を約束するものではない。計画がそれを求めていないからだ。しかしそれでは意味がない。誰がどんな責任をもって、いつまで達成するのか、地域農協には結果を出す覚悟が求められている。

ＴＰＰ交渉合意の今後や、三年後に迫ったコメの減反廃止によっては、日本農業は大きな転機を迎える。そうした逆境の中で、農家所得を上げられなければ当然ながら、ＪＡの経営基盤も揺らぐ。今回新会長に就任した奥野氏は、自宅で作った野菜を若い時から漬け物に加工し、事業を広げていったことで知られている。ビジネス感覚に優れているとされる奥野会長がどういう改革を進めていくのか。強いリーダーシップに注目が集まっている。

（おおせひろき　ＮＨＫ解説委員）

記念講演　農政ジャーナリストの会・食生活ジャーナリストの会懇談会

「ＴＰＰハワイ交渉」と、その後の行方

自由民主党農林水産戦略調査会長　西　川　公　也

農政ジャーナリストの会で話をして欲しいということでＴＰＰ（環太平洋経済連携協定）について知っている範囲で、色々お話をしたいと思います。ハワイでのＴＰＰ閣僚会合は、七月二八日から三一日まで開かれ、今度はＴＰＰも決まるのでないかと、私も思った。ただ、初日に記者の皆さんから「今度の交渉結果はどうなる」と聞かれて、「三日目に大臣が寝ずに仕事する時は決まる。遊んでいるような時は決まらない」と申し上げた。だから三日目に頑張ってくれるのかなと思ったら、いつの間にか、どう読んでもどういう姿勢か分からない、訳の分からない声明になってしまった。

それでハワイから帰って来てすぐに、ニュージーランドのマーク・シンクレア駐日大使（元ＴＰＰ首席交渉官）に来てもらい、「あなた方は悪者になっているが、どういうことなの」と話をしたら、

「私どもは貿易立国の中で、乳製品は最大の輸出品目だから、要求水準を下げることは出来ない。しかし商業ベースで成り立つかどうかが判断基準だ」と、はっきり言ってくれた。ニュージーランドだって無限大の量の乳製品を生産できる訳ではないから、やはり商業ベースに乗る量で最大限の枠を確保していければ、と要求したのだと思う。また、今日、私は中国大使館の程永華大使に会って来た。その時、中国大使は「中国が一番先にFTAを結んだ国はニュージーランドで、ニュージーランド乳製品に非常に期待し、国民に供給している」と。ニュージーランドも、商業ベースで云々ということを考えながら交渉していけば、TPPの中で、日本が受け入れても影響のない状況の中で、私はニュージーランドとはうまくいけると見ている。

ではなぜ、今回のTPP会合が最後に壊れたか。ニュージーランドばかり悪者にされているが、私はそうではないと思う。私もUSTR（米通商代表部）のマイケル・フロマン代表と交渉したが、最終的にフロマン代表が合意に持っていく決断が出来なかったと、私は見ている。それは米国で生物製剤のデータ保護期間について、どうしても製薬業界から一二年で譲るなという強い要請があったと思う。TPA（貿易交渉促進権限）法案を成立させる時に、個別的に折衝して相当USTRが無理をしていたのではないか。これはもう推測だが、そう思っている。それで、米国は最終的にデータ保護期間一二年としたが、日本は八年、オーストラリアとニュージーランドは法律で五年と書いてあるそうなので、どちらもそう簡単に飲める話ではない。だから、一二年を一桁に下げてくれれば、私は、日本の八年が一番常識的な年数だと思っていたが、依然、まだ詰まっていない。

それじゃ、いつ合意するの。最初は八月に貿易大臣会合等があって、そこでうまくいくというようなことで、了解した。ＴＰＰ政府対策本部の説明を聞いたが、そんなことはあり得なくてもあり得るということで、了解した。しかし、米国には議会に対し九〇日前に内容を通報するルールがあり、これが八月末に出来ないから、期限は九月の末だが、そこで本当に出来るかどうかということにかかってきている。九月末にもし合意が出来れば……合意が出来ないのであれば大臣会合はやらないほうがいいと思う。合意が出来るのであれば、米国はそこから九〇日というと、一二月末に参加国が署名をするということになる。

来年の七月に参院選がある。われわれが、ＴＰＰ交渉の内容が国会の了承をいただけるとなっても、参院選で相当ご批判をされる人も生まれると思っている。そういうことから考えると、予算案より前にやってしまうかということになる。臨時国会が始まり、正月休まなければ、通常国会は一月二七日頃だろうから、それまで正月休み無しでやればなんとか間に合うかな、という気もしている。しかし、それだったら一月の四、五日に召集すれば、通常の予算審議は二月の初めからだろうから、予算審議の前にＴＰＰの審議をやったらどうかという人もいる。どういうふうにするかは、ＴＰＰの合意が九月末に出来るということになれば、その選択肢についても、これは避けて通れない議論になるということで、日程感としては妥当かと思う。

それまでに、フロマン代表はオリン・ハッチ米上院財政委員長を説得できるか。私は、これ一点にかかっているのではないかと思う。それとも、ここのところ、いつやるなんて言わないなら、皆さんに対する態度が、わざわざそういう戦法をとっているかどうか分らない。しかし、どうもそんな芝居が出来るような人ではないね。大男でがっちりしているが、そう裏はない人だと思うので。今の状態は、なかなか動けど相手が反応しないという状況になっているのではないかと思う。

私は、TPP対策委員長、大臣をやる前だったが、シンガポールの会合でオーストラリアのアンドリュー・ロブ貿易・投資大臣と二月二四日に会った。ロブ大臣とは長い会談となり、三〇分近く話をしたと思う。ものすごい実力者で、決断力のある人だなと思った。私と会った時に、最初に言い出したのは、現行の牛肉の関税三八・五%、これを半分の一九%で手を打とうという話から切り出してきた。しかし私は一本ではだめだ、これは冷蔵と冷凍、チルドとフローズンに分けてくれないと、とても日本は持たないと主張。そういうことで交渉が始まったが、最初からカードを切ってきた。それで私は三月一七日にキャンベラに飛んで、ロブ大臣と話をして、おおよそこれでいいかと。チルドとフローズンを分け、一五年と一八年、二三・五%と一九%という数字でどうだと。後は下げ方だけ事務方にやらせればいいじゃないかということで合意し、本当に実力のある大臣だと私は思った。

今回も、私はハワイでロブ大臣に会い、一番先に「あなたはいつ帰国するか」と聞いたら、「三一日が終わってからだ」と言ったから、ああこれは本気で決める気かなと思った。ところで「ニュージーランドはどうなの」とロブ大臣に聞いたら、「ニュージーランドはオーストラリアと一緒だ。非常に理解のある国だ」という言い方をしていた。それは薬で共闘が出来れば、他のことは少々暴れてもいいんだという考え方ではなかったかと思う。ニュージーランドに対して、非常に自信をもった答えをロブ大臣はしてくれた。だから私は、今になってニュージーランドの主張が強くて、この会合は壊れたなんていう説は、ニュージーランド以外の新聞以外にはそう書いてあるが、私はそんなことは無かったと思う。ニュージーランドはやはり商業的に成り立つ数字であれば、という前提だったと思うし、いくらでも調整のきく話だったと思う。そういうことで、九月に本当にやれればと思うが、やるということはフロマン代表がハッチ上院財政委員長と話をつけて来ないと、これは出来ない。そういう意味で、それが出来れば、合意が可能かなと思う。

よく心配される農業問題だが、特別、私は理解をいただけないような結果になる決まり方はしないはずだと思っている。今度の予算編成の中でも対策をどうするかという議論をしたが、決まらない内は出来ないので、(平成二八年度予算の)概算要求は純粋な農林水産予算だけ、今日、提出することを決めた。

食料安全保障の言葉を活かす時代が来る

TPP対策は、今後どうなるかということは、実は、われわれは、全部日程を組んで待っていた。

政府の対策本部をいつ作るとか、党の方は、農林政策は農林水産戦略調査会がやるとか、経産省の問題は経産部会にお願いするとか、いつ内容を発表するかとか、細かいスケジュールが全部できていたが、今回残念ながら使われないが、これは平行移動すれば出来る話であって。私はアメリカの決断にかかっているんだろうと思う。

そういう中で、それじゃＴＰＰやったら何が得するのという話になると思う。私もフロマン代表と議論した時、フロマン代表はこう言った。向こうのピーターソン・コマーシャリー・ミーニングの計算では、米国が得するのは七五〇億ドルだと。まあ七兆五〇〇〇億か八兆円。日本が得するのは一〇〇〇億ドル（一〇兆円余）だと言う。ちょっと待ってくださいね、あなた方の数字では日本が得するようになっているが、日本の川崎フェローにやってもらったら、米国が得するのは一一・五兆円、日本が得するのは八・五兆円ということで、向こうの数字と真逆になっている。まだ交渉の落としどころがどこだか分からないので、この数字、どちらが正しいか。日本は日本で今、さらに影響試算をやっている。

それで、よく心配している養豚業。これは、差額関税制度が守れるかというが、守ります。それじゃ差額関税制度の価格はいくらだと。分岐点価格の五二四円／キロ。これは動かしたくないと思っている。従価税の部分で、高い豚肉どうするのということになるが、今は四・三％かかっている。これには数字は色々交渉している。従量税の部分、五二四円より下はどうするのと。巷間伝わるところ五〇円／キロ言っているが、私どもは非常に高い数字でしばらく頑張っていきたいと思っていて、そんなに高い数字を使ったら、アメリカの豚肉なんかは入って来ない。輸入業者は今までのように従価税と従量税の高い部分と安い部分を合計して輸入して、五二四円の近辺に持ってくると。そこで四三％がかかり二二、三円程度だと思う。その辺で、五二四円プラス二二、三円。そこら辺りの平均価格で、輸入業者の皆さんは考えるだろうから。そう、日本の安い豚肉に、すぐには影響が出ないと見ている。

世界の食料事情だが、二〇〇〇年から二〇五〇年になるまでの間に、世界の人口は間違いなく一・五倍になる。六一、二億が九三億ぐらいになるのだろう。すると、一・五倍になる農地が世界にあるか、無いと思う。（収量が）一・五倍になる種子が見つかるか、見つからないと思う。そうすると、食料は否応なくひっ迫してくる。世界の食料在庫率もこれから相当低くなってくるのではないかと私は思う。それで、日本の現在の食料自給率は三九％だが、将来の目標を、民主党は五〇％と言っていた。自民党は四五％まで下げた。しかし、五〇だろうが四五だろうが、世界の食料事情がひっ迫してくるという中では、日本は、今度は食料の安全保障という言葉が初めて現実的に受け止められる時代が来たと思う。三〇年ぐらい前、食料安保なんて言っても、米は余っているのに誰も本気にしなかった。しかし現実には、これから、世界の総人口が一・五倍になる。私は、食料安全保障という言葉を、今、現実に、活かしていいと思う。初めてそういう時代が来るんだということだから、国内の生産量はしっかり強化しておきたい。こういうことで、今度の予算編成も、われわれは、そちらを非常に配慮した形をとらせてもらったということだ。

メード・インTPPの思想を持って

さて、TPPをやらなかったらどうなるか。TPPのGDP（国民総生産）に対する自由化カバー率は、日本は日豪EPAをやったから、今、カバー率は二二・六％だ。中国は現在二四％。日豪やっていなかったらもっともっと低い。TPPがうまくいったら、日本の自由化率は三七・三％。現在の韓国が四〇％だから、韓国は非常に進んでいる。

私どもはTPPで「メード・インTPP」という思想だ。それはどういうことかと言うと、米国のNAFTA（北米自由貿易協定）を見た場合、メキシコと米国の間は関税ゼロ。現在、日本の部品メーカーや工業製品はメキシコで作った方が巨大な米国市場に持っていけるということだ。そうすると、日本の産業は空洞化する。それならば、日本で作るけれども、メキシコから出そうがどこから出そうが、TPPの圏内であればメード・インTPPになるから、日本の企業が海外へ出ていくのを、ある程度抑止できるのではないかということで、われわれはメード・インTPPということを考えてやっている。NHKのBSで放送されたそうだが、長野県諏訪市の共進という機械メーカーが、同じことを言っていて、メキシコに出さなくても、TPPが成立すれば長野の共進さんは、そのまま、外に出なくてもアメリカの巨大市場、NAFTAの皆さんと同じ競争が出来ると、私どもは全くそうだと思う。

それから、ISDS、つまり投資家対国家間の訴訟ですが、私もフィリピンに立ち寄ったら、日本の大手建設業が九〇億円で受注して工事をやったが、相手が倒産した。相手が倒産したら政府が税金払えないので、没収したと。これでは、提訴のしようがない。これが、今度のISDSがあれば、世銀の下の国際投資紛争解決センターに持って行けば、非常に短く解決できるのではないかということだ。私は党の決議を作る時に乱訴はダメだと。しかしこのISDSはあった方がいいということで、私は国会決議のあの文書を書き上げる時にそういうことをやった。

米国の自動車の関税は、乗用車が二・五%、トラックが二五%。二五%の方はなかなかうまく進まない。乗用車の二・五%の方はやっているけど、年数が長くて、こんなの交渉じゃないと言う人がいる。後は何を取るの、ということになるが。デジカメとか、エアコンとか、日本が非常に強い部分。これに対し米国は、今二%かけている。二%だって私は大きいと思う。これ、やらないと、韓国にゼロで持って行かれたら競争力がそれだけ落ちる。それからメガネ。福井県鯖江市の眼鏡というのは稲田政調会長の地元。稲田さんがかけている眼鏡は伊達眼鏡。自分の町の宣伝のためにしている。それで、TPPの内容がよく分からないので、この間説明をさせた。眼鏡はベトナムで一〇%かかっている。安い中国製と競争するが、高価な日本の眼鏡、鯖江の眼鏡に一〇%かかっているが、これは数年で撤廃できる見込み、と推測している。日本は守りばかりではないんです。

こういうことを重ねて行って、先ほど、日本の自由化率の話があったが、私はやはり、ＴＰＰをやらないということでは国際競争を切り抜けていけないと思う。さらに日・ＥＵの経済連携が来月、一二回目をやる。こういうことになると、一二回やってカード切らなかったら相手は怒る。だから切りやすいものから切らないといけない。農業は切りにくいから、しばらく切らないということになるだろうと思うが、いつまで持つか。これは今年決めると言っているので、ここは、外務省、財務省、経産省、農水省、みんな共通の言語を持ってくれということで、交渉官と一緒に仕事をさせてもらっている。

こんなことも考えながら、総合的にやっている。これは米国次第、フロマン次第、ハッチ上院財政委員長次第で、私は、ここに全力を挙げた方がいいと思う。日本もここまで来た以上、これは締結に向かって全力で走るということでやらせていただければと思う。


（にしかわ・こうや・衆議院議員）

〈質　疑〉

――ＴＰＰ閣僚会合が九月に出来るかどうかは、フロマン代表が米国議会に働きかけが出来るかにかかっているということだが、日本政府も米国議会に働きかけをするのか。

西川　基本的には米国の国内事情だから米国に決めてもらうということになる。しかし日本の交渉を担当している対策本部はそこまで考えて仕事をしていると思う。そんなにのんびりしていない。

――TPPが妥結した後の国内対策はどのように考えているのか。

西川　前回のガット・ウルグアイ・ラウンドは平成五年一二月一五日に署名した。国内対策費は、最終的に六兆一〇〇億円で決まったが、土地改良がどんどん膨れ、融資があり、それから温泉なんかを掘ったりした。今度も妥結すれば、これに対策は組む。当然のことだ。その時に、生産拡大につながらないようなものは、阻止に動きたい。そして日本の農業が本当に強くなれると、食料安保もくぐり抜けられる、という形をやっていければと思っている。

――主食用米の輸入枠交渉も行われているが、国内需給対策をどう考えているのか。

西川　当時の細川政権のような、将来を見通せないような合意はしない。ミニマム・アクセス米の輸入量は国内消費の四％から始まり、八％まで増えた。消費量は、当時は一〇四〇万トンあったと思うが、今は八〇〇万トンを割っている。消費量は下がるにもかかわらず、義務付けて増やすようなミニマム・アクセス米を調印してしまった。それで私は、平成一一年に、主張して主張しまくって関税化に切り替えた。だから今回は、消費が減っているのに、将来増えていくような交渉はしていない。いくら政府が押し付けられても、党がなんとしても蹴る。そういうことでやっていくが、出来れば入れたくない。総合的に判断しながら、落としどころを今、探っている。主食用米が傷むことが無いように、最後まで見守っていきたい。

――世界の人口が一・五倍になって、食料ひっ迫間違いないということだが、消費者や生産者は何を求められるか。

西川　人によって違うと思うが、昔も農水省は食料安保という言葉を使った。しかし生産量がどんどん上がっていく時に、誰も肌で受けるような感じではなかった。しかし今は、間違いなく五〇年間で人口が一・五倍になる。中国の豚の輸入量は二〇〇二年から一〇年間で二・二倍になっている。ここのところ株価の問題もあるが、中国は成長していくことは事実だと思う。アフリカのように、太陽や水がいくらでもあると言っても食料増産には資本も必要だし、日本にとって、これからは食料ひっ迫が避けて通れない課題になると思う。

――薬のデータ保護期間で、米国が八年で降りてきたら、オーストラリアやニュージーランドは八年で飲むのか。ニュージーランドなどは外して残った国だけで合意するという話もあるが、その可能性は。

西川　私もシンクレア大使を呼んで言った。あなたのところはすぐ乳製品のことを言う、とね。それからグローサー貿易大臣はこう言った。「あんた出て行けと言われた時に、このTPPは私が作った二〇〇六年からのチャーターメンバーだ。とてもそんなことは考えない」と言った。その時に私は仲間にこう言った。これは例えとして適当かどうか分からないが、世の中にこんなことがあるんだよと。栃木県足利市のことだが、そこの市議会の会長が、すごく横暴だったそうだ。それで会長以外全員が脱会して、自民党は残された会長一人になったそうだ。そこから抜けた人が全員で新しい会派を作ったということがある。これを例え話にしながらニュージーランドにも言った。チャーターメンバーうんぬんより、新しく作ったら、あなたのところは、今度は「入るか入らないか」聞かれる立場だよと。そういう人もいるよと。だから作戦的にどう取るか分からないが、考えとしてはある。

それから、薬のデータ保護期間を八年で飲んでくれたら、米国はそれで収まる。ニュージーランドと豪州はどうか、それは法律に書いてあるから収まらないと思う。だから、そういうふうにも読める文章にしたらどうだろうか。そう簡単に飲まないと思うが、両方納得したような文章が書けない訳ない。それは両方に良いように読めるようにしたらいいと思う。私はそういう考えだ。

（二〇一五・八・二五）

編集後記

▽…お盆に入ってから四日間、一日中雨降りが続き、後に台風一七号、一八号の影響で二日間に四〇〇ミリの記録的大雨。それでも「今年の新米です」と宮城県で米作りをする友人から贈り物。そこには「お天道様に思いを寄せていただければ幸いです」の添え書きがありました。

▽…友人が気がかりだったＴＰＰ交渉が大筋合意。農畜産物の八割が自由化され、戦後七〇年の節目に、また一つ戦後農政にエポック・メーキングな出来事が記されました。特集は戦後七〇年の農政を振り返る『農政運動と政治』です。研究会講師四氏が、戦後農政を浮き彫りにします。戦後の農政を牽引してきた自民党農政を時系列に整理し、貴重な記録になっています。

▽…農業者の利益と農協の利益は単純に切り離せない、と。こうした意見も多い。『農協の農政運動…』は農協改革議論の示唆に富んだ内容です。農政運動の客体を視点にした特集巻頭論文をご一読を。

夏恒例の納涼懇談会（八月二五日）は食生活ジャーナリストの会との合同研究会。ゲストに自民党の西川公也氏を招きＴＰＰ交渉の最新情報。交渉裏話を入れたリアルな内容。この日の直後に大筋合意し、いっそう濃い中身になりました。

▽…この時期、二つのドキュメント映画のお誘い。「ＮＯＲＩＮ・ＴＥＮ」と「千年の一滴　だし　しょうゆ」。前者は米国に渡った農林一〇号の麦の話。後者は昆布、鰹節が生み出す和食…日本列島そのものが料理人を感じさせます。「食と農」の意味を改めて考えました。（青）

日本農業の動き　No.189

農政運動と政治

定価は裏表紙に表示してあります（送料は実費）。

平成二七年一一月四日発行©

発行　農政ジャーナリストの会
編集　会長　石井勇人
〒100-0004　東京都千代田区大手町一の三の一（JAビル）
電話 (03) 六二六九-九七七二
FAX (03) 六二六九-九七七三

販売　一般財団法人　農林統計協会
〒153-0064　東京都目黒区下目黒三-九-一三　目黒・炭やビル
電話 (03) 三四九二-二九八七
URL : http://www.aafs.or.jp/
振替　〇〇一九〇-五-七〇二五五

購読のお申込みは近くの書店か、直接発行・販売元へご連絡下さい。バックナンバーもご利用下さい。

PRINTED IN JAPAN 2015　　ISBN978-4-541-04054-1　C0061